透视轻松掌握
室内装饰与建筑设计

[日] 宫后浩 山本勇气 著

褚天姿 译

人民邮电出版社

北 京

图书在版编目（CIP）数据

透视轻松掌握：室内装饰与建筑设计 / （日）宫后浩，（日）山本勇气著；褚天姿译. -- 北京：人民邮电出版社，2019.4
ISBN 978-7-115-47222-9

Ⅰ．①透… Ⅱ．①宫… ②山… ③褚… Ⅲ．①室内装饰设计－透视学 Ⅳ．①TU238.2

中国版本图书馆CIP数据核字(2017)第278812号

版 权 声 明

内 容 提 要

很多初学素描的读者都不怎么明白透视是怎么回事，特别是室内装饰设计与建筑景观设计领域，总觉得很难。其实透视很简单，它是一个观察物体轮廓特征并辅助初学者把形画准的方法。毕业于专业美术院校的宫后浩和山本勇气，在书中用亲切易懂的语言和讲授方式，为你打开素描透视的大门。

本书介绍的是素描透视在规划设计方面的应用，选择了室内装饰设计和建筑设计两个方向的案例。全书分为两篇，第一篇是基础篇，分别介绍了透视的基础技法和进阶技法，包括透视的基础、透视图的种类、马克笔的用法，以及不同灭点透视图的画法。第二篇是实践篇，分别介绍了室内规划设计透视基础和景观规划设计透视基础，包括了室内效果图的常见元素、平面图中阴影的画法、立面图的画法和透视等内容。最后还有临摹实例供读者临摹之用，帮助读者快速提高素描透视表现技法。

本书对素描透视的应用讲解非常有趣而深刻，对于想巩固透视基础知识的素描爱好者和专业绘画者来说，一定大有裨益。

本书适合作为美术爱好者、室内设计和建筑景观设计初学者的入门教材。

◆ 著 ［日］宫后浩 山本勇气
　　译 褚天姿
　　责任编辑 何建国
　　责任印制 陈 犇

◆ 人民邮电出版社出版发行 北京市丰台区成寿寺路 11 号
　　邮编 100164 电子邮件 315@ptpress.com.cn
　　网址 http://www.ptpress.com.cn
　　北京市雅迪彩色印刷有限公司印刷

◆ 开本：787×1092 1/16
　　印张：9　　　　　　　　　2019 年 4 月第 1 版
　　字数：508 千字　　　　　2019 年 4 月北京第 1 次印刷
　　著作权合同登记号　图字：01-2016-9531 号

定价：49.80 元
读者服务热线：(010)81055296　印装质量热线：(010)81055316
反盗版热线：(010)81055315
广告经营许可证：京东工商广登字 20170147 号

目录

 实践篇

第 3 章 室内规划设计透视基础

第 4 章 景观规划设计透视基础

序

　　《通过临摹就能掌握的透视法 透视图技法》《素描透视：透视的要点和诀窍》《素描透视：室内·建筑·景观》《素描透视：卡漫·人设·场景》三本书出版后，受到各方好评，不断再版。这次，希望读者能够体验到实用的展示技巧，因而编辑了本书。

　　透视图最重要的作用是将自己的想法以简单直白的方式传达给对方。相比难理解的理论，当我们站在对方的立场思考时，只要将"这样给我看的话就很容易理解了"的内容原封不动地展示出来就好了。

　　如果单独拿出平面图、立面图或者是断面图给一个外行人看，他会很难理解，但只要表现得稍微立体一些，再上些颜色，加入一点阴影，向对方传达时想法就变得很容易理解了。稍稍使用一些技巧，就能使空间感、体积感看起来更加栩栩如生。

　　时刻站在对方的立场思考，更加简单易懂，这是展示图最重要的东西。

宫后浩

本书使用方法（第一篇 基础篇）

在本书的第一篇中，我们要学习透视法的基础知识，以及3种画材的着色技法。从第二篇实践篇开始，我们将给大家介绍各种实用的绘制技巧。

本书中描绘透视图时必要的作图技巧

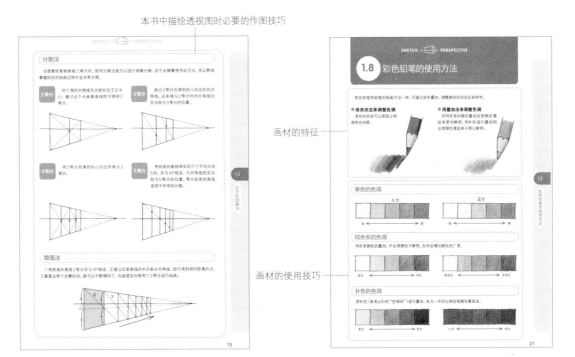

阴影的重点　　　　　　　　　　　　　　　着色的重点

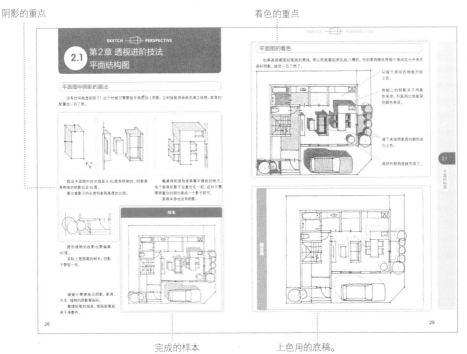

完成的样本　　　　　　　　上色用的底稿。
可复印上图直接上色，也可根据读者需要扩印后使用。

7

本书使用方法（第二篇 实践篇）

设计蓝图。以记载的尺寸为基础，画出透视图。

解说透视线的重点

画透视图的顺序。分4步进行解说。

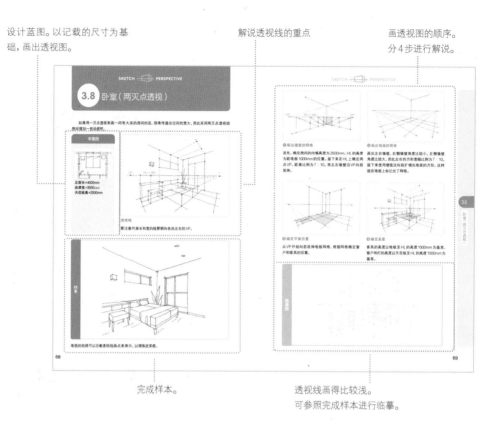

完成样本。

透视线画得比较浅。可参照完成样本进行临摹。

参考页码

着色画材

上色详见讲解

第一篇

基础篇

本篇将介绍透视图的基础知识及实用
的绘制技巧。大家一起来学习各种各
样的空间表现技法吧!

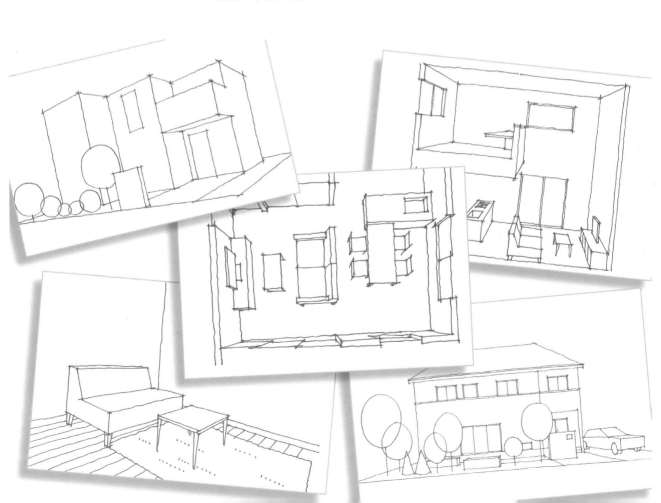

第1章 透视基础技法
认识HL

无论是绘画还是透视图，最重要的就是 HL 的意识。

什么是HL?

HL 就是观看者眼睛所在高度的水平线，即 Horizontal Line 的简称。Horizontal＝地平，所以水平线＝地平线，也就是将人眼睛的高度看作地平线的高度。大家一定试过，无论是面向大海看海岸线，还是在高层建筑物上看水平线，两者都和自己眼睛的高度相同。

美丽的风景画都是以绘画者的视线来描绘的。想要使画面看起来自然，就一定要将自己的视角通过画面传递给看画的人。

但是我们平时看到的风景，并不是都有水平线或者地平线。在观看时要注意自己的视线，即眼睛所在的位置和高度。

例如，物体在眼睛所在高度的上方，那么就能够看到该物体的底面。同理，如果物体在眼睛所在高度的下方，就能看到物体的顶面。

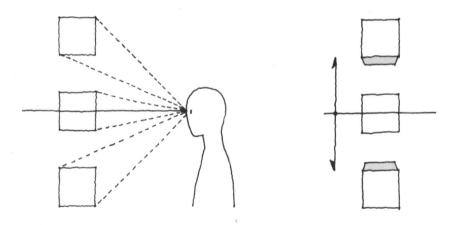

再如，位于视线正面的物体，我们能看到的不只有正面；位置偏左边的物体，我们可以看到其右侧；位置偏右面的物体，我们可以看到其左侧面。

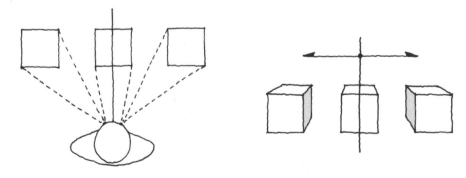

1.2 什么是VP？

在三维空间中是有长（水平方向）、宽（纵深方向）、高（垂直方向）的。在纸面上，这3个方向的线只有平行和相交两种关系。然而若要在纸面（二维）上表现出立体感（三维），就要通过将原本不相交的平行线画成相交的状态。平行线相交的点就称为灭点，也就是VP。

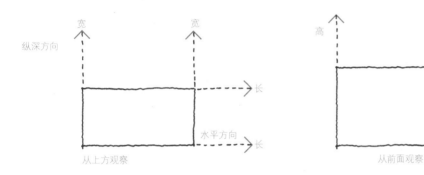

确定灭点的方法

大小相同的物体距离视线越远看起来越小。下图中的长方体，虽然前面的高和后面的高原本相等，但是由于后面的高距离视点较远，因此看起来就短一些。将这两条线连接并延伸，在HL上相交形成的点即为灭点。

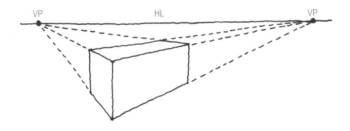

没有灭点的画面

本应越向远处距离变得越窄的视觉延长线现在都是平行的，这样就看不到纵深的效果。眼睛已经习惯越是远处的物体看起来越小的规律，在这张图上反而有越是远处就越大的错觉。

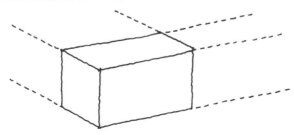

11

1.3 透视图的种类

我们通过房间中的线框进行观察。根据观察对象前面的框架角度不同,看到的房间状态也是不同的。这里我们要记住一灭点、二灭点、三灭点的观察方法。

一灭点(一点透视)

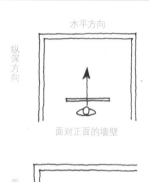

一灭点(一点透视)中,与框架平行的线也同样与透视线平行。与VP相交的斜线仅在纵深方向有距离。

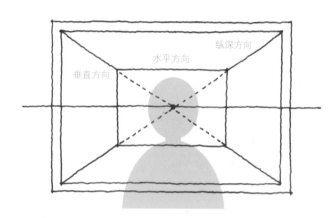

两灭点(两点透视·室内)

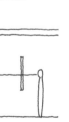

两灭点(两点透视·室内)中,会有水平方向和纵深方向的斜线,相交于VP。只有垂直方向的线与框架平行。

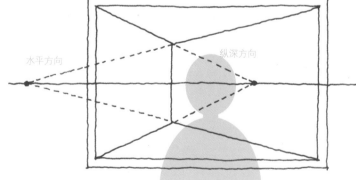

两灭点（两点透视·室外建筑）

从建筑物外面看的话也与室内相同，只有水平方向和纵深方向的斜线。水平方向更偏向正面，斜线的角度比较缓，因此VP的距离也较远。相反，纵深方向斜线的角度比较小，因此VP的位置近一些。

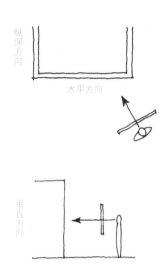

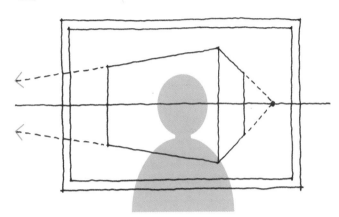

三灭点（三点透视）

三灭点（三点透视）中，水平方向、纵深方向和垂直方向这3个方向均与框架相交。垂直方向的VP在视线的垂直线上。

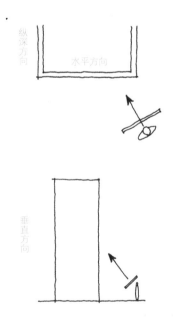

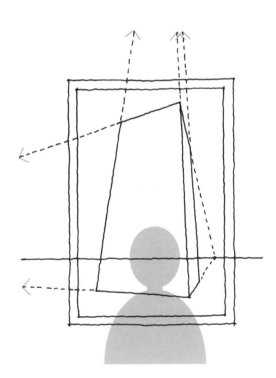

1.3

透视图的种类

13

1.4 正方形的画法

素描透视关系中，以正方形为基础确定纵深方向。
请大家记住表现出纵深方向的正方形是什么样子的。

与水平方向的边相比，纵深方向的边要短一些。
根据视点与正方形距离的不同，正方形看起来
会有些不同，但整体上一定是横向更长一些。

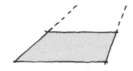

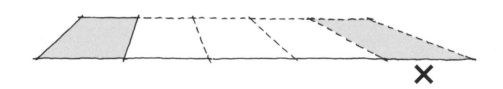

左边的四角形看起来比较像正方形，右边的四角形看起来像长方形。
由于越远离VP在作图上就越容易发生形变，因此要更加注意右边也要保持正方形。

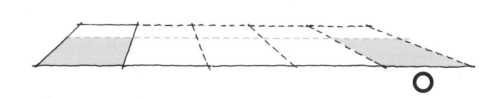

分割法

当想要把某物体做几等分时,使用分割法就可以进行准确分割。由于以后会频繁使用此方法,所以熟练掌握的话在绘画过程中会非常方便。

2等分　四个角的对角线交点刚好位于正中心,通过这个点画垂直线即可得到2等分。

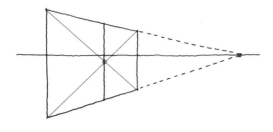

3等分　画出2等分后得到的小四边形的对角线,这两条线与2等分时四边形的对角线的交点即为3等分的位置。

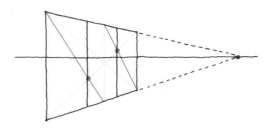

4等分　将2等分后得到的小四边形再次2等分。

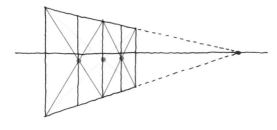

5等分　将前面的高按照实际尺寸平均分成5份,并与VP相连,与对角线的交点即为5等分的位置。等分前面的高线划分适用于所有的分割。

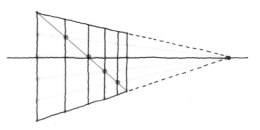

增值法

①将前面的高线2等分后与VP相连。②通过后面高线的中点画出对角线,即可得到相同距离的点。③重复前两个步骤,就可以不断增加了,也就是反复使用了2等分进行绘画。

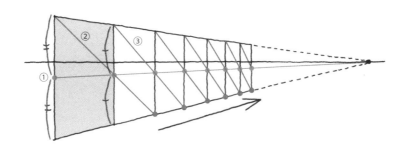

1.5 地面的增值法、分割法

与墙面相同，地面也可以运用增值法和分割法。
在素描透视中，常用增值法来绘制地面网格来确定纵深。

增值法

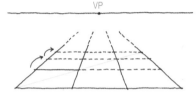

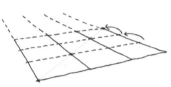

在前面画出3格正方形，延长其中一个正方形的对角线，找到与其他正方形的VP延长线的交点，即可画出大小相同的正方形。

两灭点透视也同样使用这种方法来增加正方形。

分割法

2等分（一灭点） 四角对角线的交点刚好位于中心，通过这个点画出水平线即可2等分。

3等分（一灭点） 画出2等分后的小四边形的对角线，与2等分时的对角线的交点即为3等分的位置。

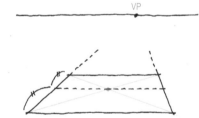

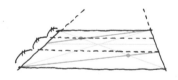

2等分（两灭点）

3等分（两灭点）

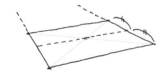

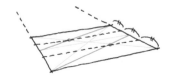

地面网格的画法（一灭点）

运用增值法的远离，向外延长内侧正方形的对角线，增加网格以达到增加地面面积的目的。

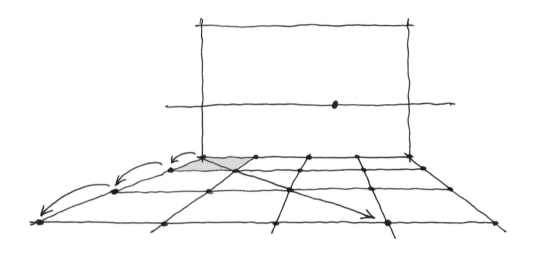

墙壁网格的画法（两灭点）

从墙壁内侧的正方形开始，用增值法不断向左右两方向扩展。这样地面的网格也就容易确定了。

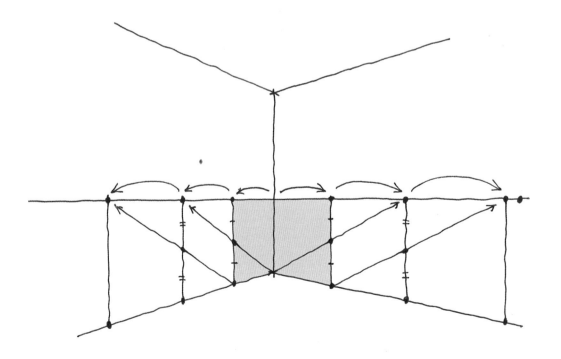

1.5

地面的增值法、分割法

1.6 阴影的故事

阴影有两种，物体自身形成的阴影称为"阴"，物体被遮挡后在地面或其他地方形成的阴影称为"影"。虽然两种都被称为阴影，但是作用却完全不同，我们一起来正确了解它们各自的作用吧。

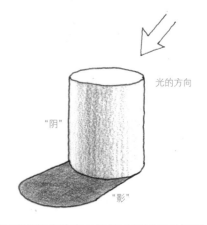

光的方向

"阴"

"影"

"阴"的作用（立体感、远近感、质感）

光线照射的地方和光线不太能照射到的地方会有明暗的变化，这就是"阴"。同一个形体上有颜色的阶段变化，因此"阴"也被称为浓淡、色调。

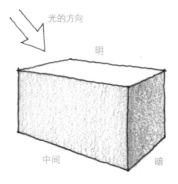

光的方向

明

中间

暗

1 **立体感的表现**

通过添加线条过渡，可以表现物体的立体感。面向光线的一面比较明亮，背对光线的一面就比较暗。

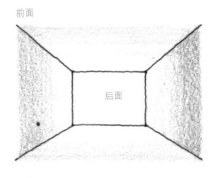

前面

后面

2 **远近感的表现**

前面的颜色比较浓，越向远处颜色越淡的浓淡法能够突出立体感。相反，前面浅、后面深的对比也是不错的表现方法。

软质

硬质

3 **质感的表现**

在左图中，左侧的圆柱体颜色是逐渐变化的，因此有毛毯般柔软的质感；右侧的圆柱对比比较强烈，因此看起来质感比较坚硬。

"影"的作用（物体的位置、光线的强度、光线的角度）

 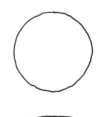

1 物体的位置

在同样的地方画一个球体，但因为影子的位置不同，球的位置也相应发生了变化。左侧的球体看起来是着地的，而右侧的球体看起来是浮在空中的，如左图所示。

2 光线的强度

晴朗的天气里影子比较清晰，阴天的话就会变得模模糊糊。影子的颜色越深，表示光线越强，反之影子颜色越浅，表示光线越弱，如右图所示。

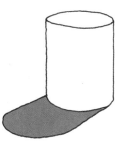 

3 光线的角度

当白天太阳位置较高的时候，影子会在物体正下方并且比较短。而当夕阳西下时，太阳的位置比较低，影子也就变得很长，如右图所示。

光线的角度和影子的长度

大角度的光源投射出的影子比较短，小角度的光源投射出的影子则比较长。在45度角的光线照射下，物体的高度和影子的长度相等。

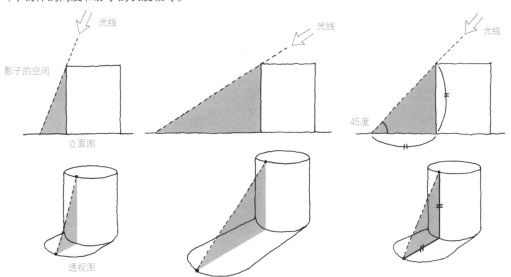

光线　　影子的空间　　立面图　　光线　　光线　　45度　　透视图

1.7 色彩

色彩有3种属性，分别是色相、明度和彩度。

色相

指的是色彩最本真的颜色。

●**色铅笔**

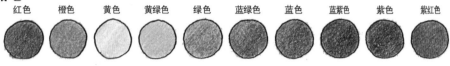

红色　橙色　黄色　黄绿色　绿色　蓝绿色　蓝色　蓝紫色　紫色　紫红色

明度

指的是物体的亮度。可以用明度的差别变化来表现物体的阴影、立体感、空间感及质感。

●**色铅笔**

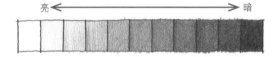

亮 ← → 暗

彩度

指的是颜色的鲜艳程度。物体受光线照射的部分，颜色的彩度高，而不受光线照射的阴暗部分，颜色的彩度低。

●**马克笔**

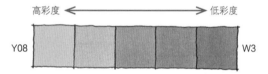

高彩度 ← → 低彩度

Y08　　　　　　　　　　　　　　W3

色相环

用环状图来表示颜色的明度变化，距离越近的颜色越相似（编者注：即邻近色）。

互为对角的两个颜色互为补色，若放在一起则会产生对比强烈的配色。

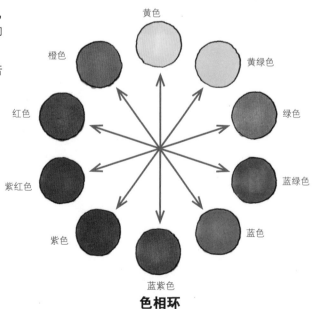

黄色　黄绿色　橙色　绿色　红色　蓝绿色　紫红色　蓝色　紫色　蓝紫色

色相环

1.8 色铅笔的使用方法

色铅笔和铅笔的使用方法是一样的,都可通过叠加涂色,调整颜色的浓淡来调整色调。

●用浓淡法来调整色调

单色的浓淡可以表现立体感和空间感。

●用叠加法来调整色调

叠加同色系的颜色会使颜色看起来更加鲜明;叠加补色则会使颜色看起来不那么鲜明。

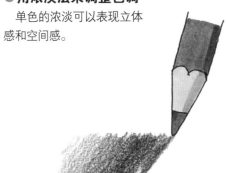

单色的色调

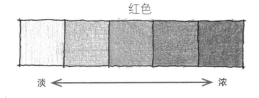
红色
淡 ←——————→ 浓

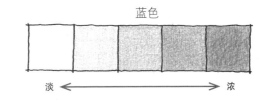
蓝色
淡 ←——————→ 浓

同色系的色调

叠加同色系颜色,不但会使颜色鲜明,反而会增加颜色的延展性。

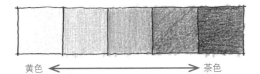
黄色 ←——————→ 茶色

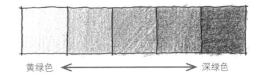
黄绿色 ←——————→ 深绿色

补色的色调

用补色(参考p20的"色相环")进行叠加,各占一半的比例会使颜色最深浊。

黄色 ←——————→ 紫色

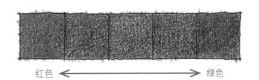
红色 ←——————→ 绿色

1.9 马克笔的使用方法

马克笔是一种使用较为方便的着色工具,用马克笔绘制时不需要调色,也能涂出准确均匀的颜色。

一支笔也可以画出3种不同程度的浓淡效果。

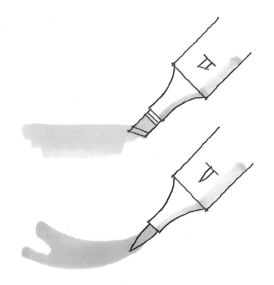

●宽笔尖

笔尖比较宽,涂色均匀,适合表现直线,如墙壁、地板、桌子等。

●窄笔尖

笔尖比较细,描绘细节时很方便,还适合表现曲线,如沙发、靠垫、树木等。

通过叠加来表现3种不同的浓淡效果

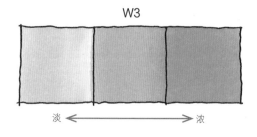

W3

淡 ←————→ 浓

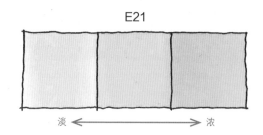

E21

淡 ←————→ 浓

●3个阶段的阴影画法

首先整体进行均匀地涂色,接下来在有阴影的正面和侧面进行叠加涂色,最后在最暗的侧面再次进行叠加涂色。

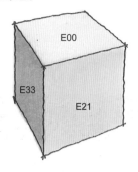

●渐变阴影的画法

从右边的浅色部分开始涂色,在涂色的同时一步一步换成颜色深的马克笔进行上色,这样就能得到漂亮的渐变色了。

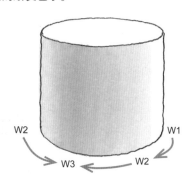

copic 系列的色板

本书主要使用TOO品牌中的copic系列马克笔,下面是该产品对应的色号。

使用比较频繁的颜色有灰色系、茶色系、绿色系等,大家最好准备出备份颜色,以备不时之需。

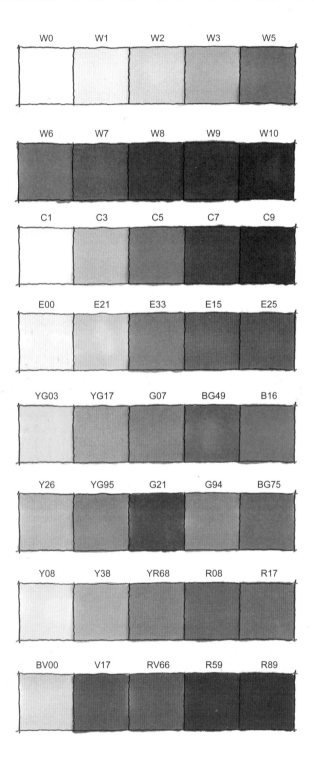

1.9

马克笔的使用方法

1.10 透明水彩的使用方法

使用透明水彩时,通过调整水量或混色能得到无限多的颜色,并描绘出只有水彩才能表现出的柔软笔触。

● 调色板

将同色系颜料以颜色相邻的顺序排列。

既有价格便宜的塑料调色板,也有高价的金属调色板。金属制调色板相对较重,适合作画位置相对固定时使用。

● 颜料

将颜料从颜料管中挤出放在调色盘上使用。

HOLEBEIN的透明水彩颜料很有名。

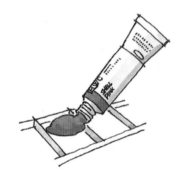

● 调色用的梅花形调色盘

陶制品不容易溅水,使用很方便(编者注:国内市场上比较常见的是塑料材质的。优点是价格很便宜。)。

● 笔洗

选择质量重一些的笔洗,使用时会更稳定。

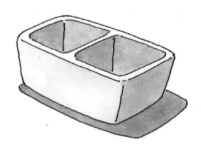

常用到的颜色

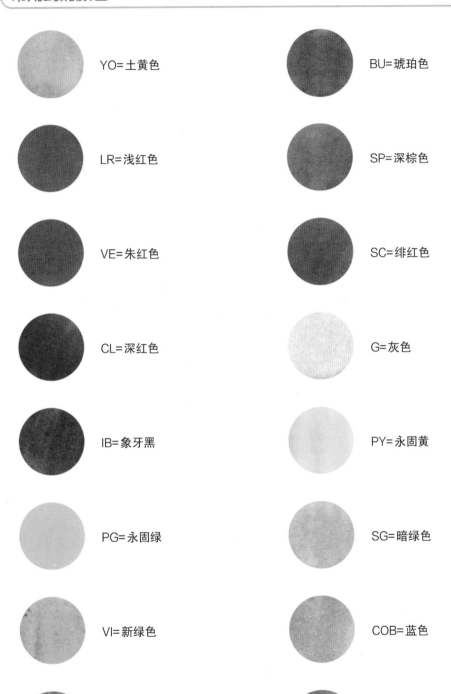

YO=土黄色

BU=琥珀色

LR=浅红色

SP=深棕色

VE=朱红色

SC=绯红色

CL=深红色

G=灰色

IB=象牙黑

PY=永固黄

PG=永固绿

SG=暗绿色

VI=新绿色

COB=蓝色

CB=钴蓝

IN=靛蓝

1.10

透明水彩的使用方法

水彩笔的种类

平头笔
笔锋比较宽，适合需要均匀上色的绘画。

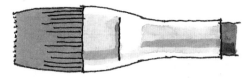

圆头笔
适合需要变化笔触来描绘的作品。

尖头笔
需要描绘细节时使用的笔。

平头笔效果　　　　　　　　圆头笔效果　　　　　　　　尖头笔效果

均匀上色的窍门

水彩颜料是需要用水调匀进行绘画的，笔上的水分如果过多，就会造成纸面颜色深浅不一、上色不均匀。

如果等水分干后再叠加涂抹，颜色又会变深，因此要在干之前一口气涂好。

水过多导致上色不均匀。

笔尖上的水分不要太多，应一气呵成。

最后抬笔时将水残留在了画面上。

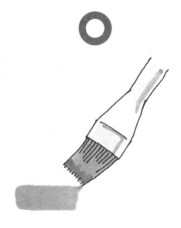

慢慢倾斜笔尖向上提笔，使水分又被吸收回笔毛中，这样就不会不均匀了。

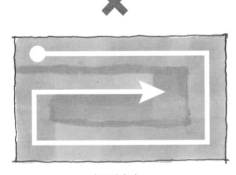

（不均匀）

沿着边缘画的话，干了的部分到再上色时就会变深，画面颜色就会不均匀。

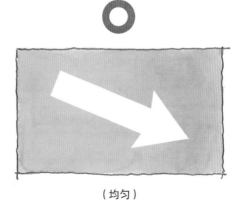

（均匀）

从一端按照顺序上色的话，画面颜色就很均匀。

1.10

透明水彩的使用方法

2.1 第2章 透视进阶技法
平面结构图

平面图中阴影的画法

　　没有时间画透视图了！这个时候只需要给平面图加上阴影，就能立刻使画面充满立体感，家具的配置也一目了然。

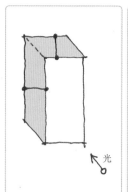
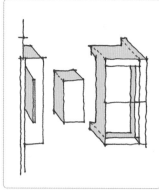
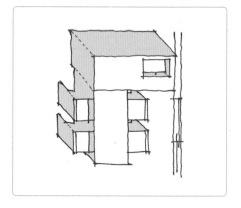

假设平面图中的光线是从45°角照射的。
家具等物体的阴影也呈45°。
要注意影子的长度和家具高度的比例。

餐桌椅和其他家具集中摆放的地方，各个家具的影子会重合在一起，这时只需要将重合的部分画成一个影子即可。
家具本身也会有阴影。

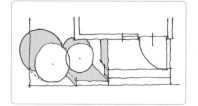

圆形植物的投影也要偏离45°。
实际上很高的树木，但其影子要短一些。

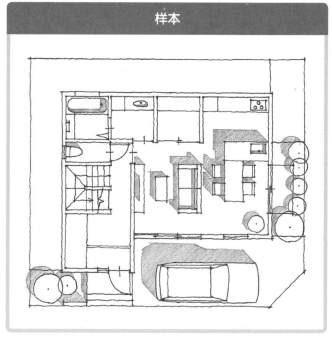

样本

墙壁不需要画出阴影，但家具、汽车、植物的阴影要画好。
整理铅笔线稿，使画面看起来干净整齐。

平面图的着色

　　如果画面都是铅笔画的黑线,那么纸面看起来乱起八糟的。但如果用颜色将每个房间区分开来并画好阴影,就会一目了然了。

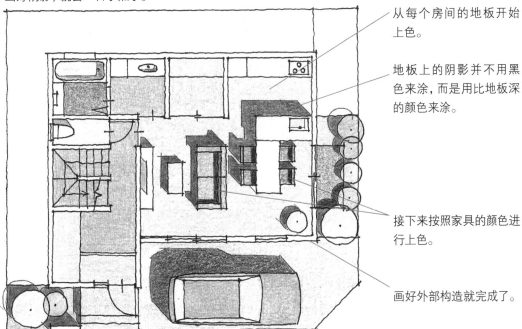

从每个房间的地板开始上色。

地板上的阴影并不用黑色来涂,而是用比地板深的颜色来涂。

接下来按照家具的颜色进行上色。

画好外部构造就完成了。

2.1

平面结构图

填涂画

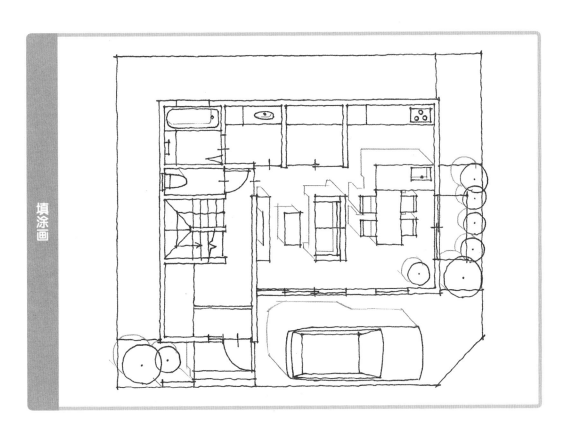

2.2 立面结构图

立面图中阴影的画法

立面图中并没有立体感。添加阴影的话，可以使看图者更容易分辨出哪里凹进去，哪里凸出来。

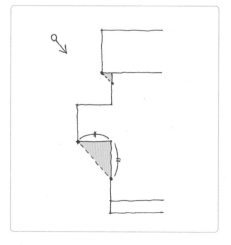

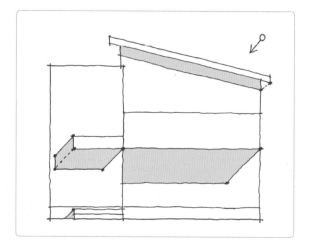

假设立面图中的光线是从45°角的高处照射的。
这样的话阳台屋顶的阴影与墙壁的阴影长度相同。

与平面结构图的要领相同，突出部分的阴影也要倾斜45°。
影子越长，从墙壁上突出来的部分就看起来越立体。

样本

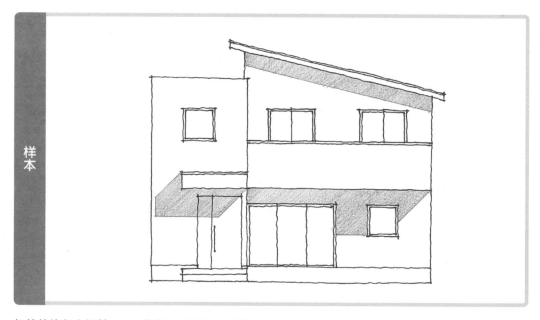

铅笔的线条也倾斜45°，会使画面看起来更整齐。

立面图的着色

花砖的质感表现

无规则地画出长横线。

木板的质感表现

通过叠加涂色的方法,画出木板颜色不均的质感,看起来更自然。

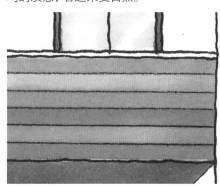

样本

充分表现出了素材的质感及色彩,还有房檐、露台凹凸的立体感。

2.2

立面结构图

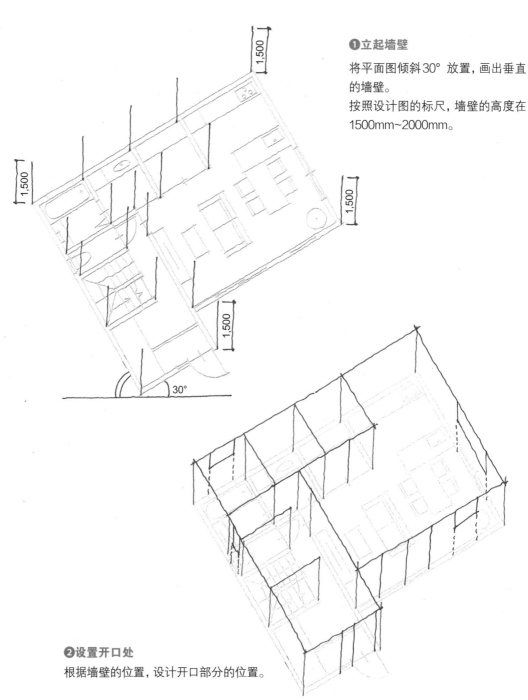

2.3 简略立体投影图

　　比起有灭点的透视图,没有灭点的简略立体投影图反而是能够将平面图立体化的好方法。由于没有纵深,无论哪一处都可以画出和平面图一样的高线。

❶立起墙壁

将平面图倾斜30°放置,画出垂直的墙壁。

按照设计图的标尺,墙壁的高度在1500mm~2000mm。

1,500

1,500

1,500

1,500

30°

❷设置开口处

根据墙壁的位置,设计开口部分的位置。

32

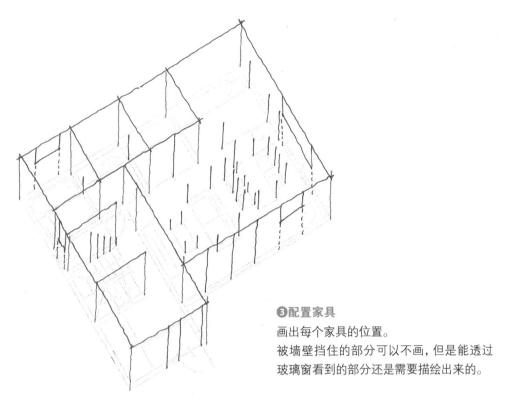

❸配置家具

画出每个家具的位置。

被墙壁挡住的部分可以不画，但是能透过玻璃窗看到的部分还是需要描绘出来的。

样本

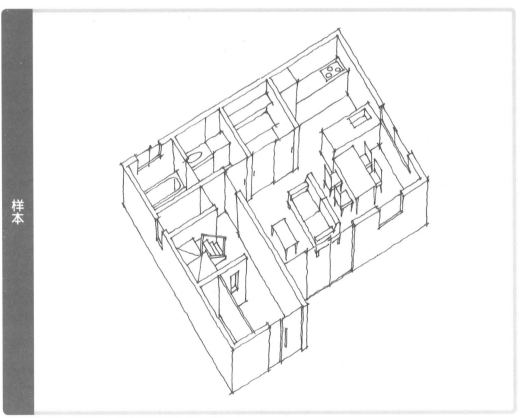

墙壁的缺口是按照平面图原本的样子原封不动地画出来的。

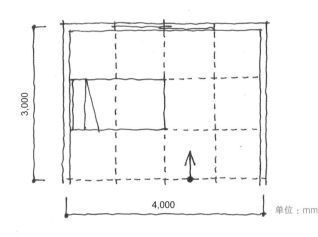

2.4 一灭点透视图的画法（从前面开始）

果然还是透视图表现空间感的效果最好。方法很简单，让我们一起学习掌握吧。宽广的空间更适合从前面开始的画法。

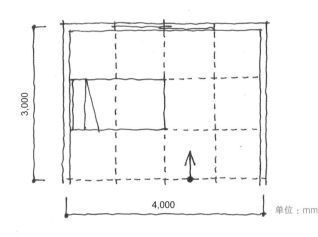

❶ 视点的设定

首先，要确定观看视点的位置。
从箭头的位置开始，眼睛的高度（HL）设定在比坐着时的眼睛高度高1000mm的位置。

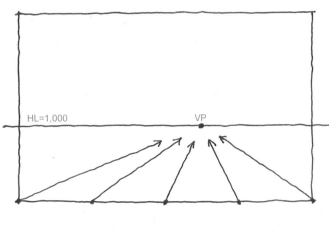

❷ VP 的设定

画出正面宽度为4000mm，高度为3000mm的框架，在地面高1000mm的位置画出HL。接下来标出表示地板网格（4000mm×3000mm）的点。纵深方向的网格线与灭点（VP）相连。

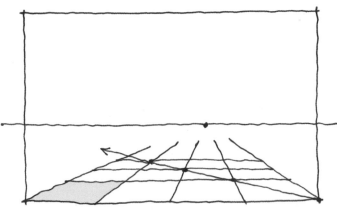

❸ 画出网格

接下来从距离VP最远的正方形网格开始画，这个位置在正面宽线1000mm的地方。接下来向内延长前面正方形的对角线，得到2000mm、3000mm的网格交点。

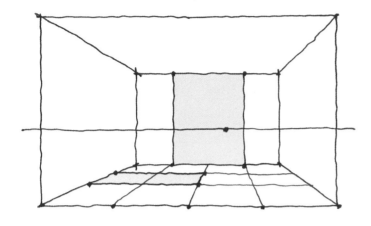

❹画出墙面

在纵深3000mm的位置画出墙壁。
在墙面上以地板的网格为标准确定窗户的位置。
家具的位置也通过网格来确定，并在地板上画出形状。

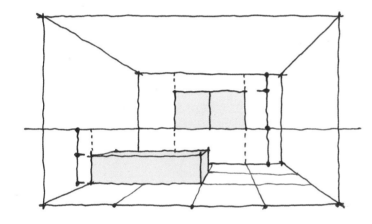

❺画出家具

HL至天花板的高度为1500mm，因此窗户的位置在墙高的2/3处，即1000mm的位置，地板至HL的高度为1000mm，因此家具的位置在其1/2处，即距地面500mm的位置。

2.4

一灭点透视图的画法（从前面开始）

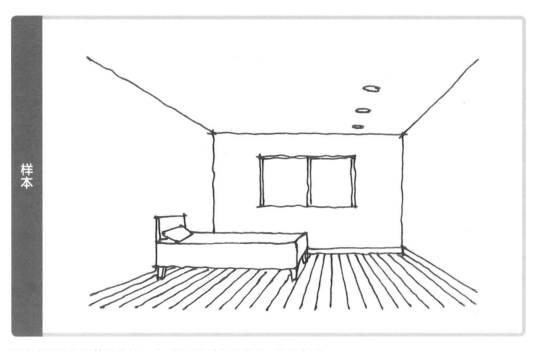

样本

画出家具和灯具等物体的细节，以及木地板的纹路，作品完成。

35

2.5 两灭点透视图的画法（从前面开始）

倾斜视角的两灭点透视更适合画出空间的动态感。

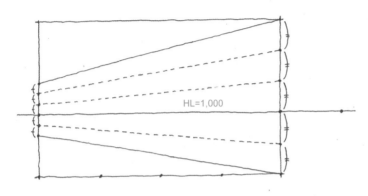

❶画出透视线

与一灭点透视相同，先画出正面宽度4000mm、天花板高度2500mm的框架，以及线高出地面1000mm的HL。
接下来画出向左侧延伸的透视线。在右边的墙壁（前）上按照每500mm的间隔设定刻度，左侧墙壁（里）的刻度应比右侧稍短，但间隔也要相等，连接这些刻度点，透视线就画好了。

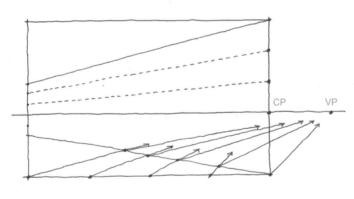

❷确定开口的尺寸

接下来将地板网格线与cp相连，确定实际上墙壁与地板网格的线的交点，再将这个点与右侧的VP相连接，延长地板的纵深。

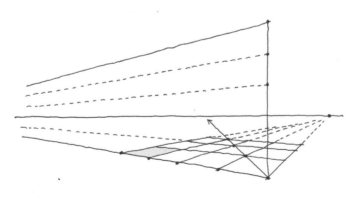

❸纵深尺寸的确定

最远处的网格确定为正方形，参照透视线画出纵深1000mm的线。接下来从前面的正方形开始将对角线进行延伸，确定下一个网格的交点。
※透视线总是朝向左侧的引导线。

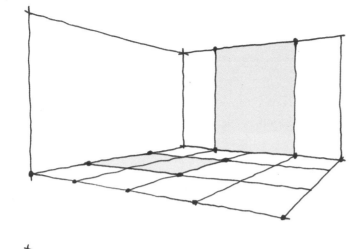

❹画出墙壁面

确定好网格后画出墙壁并确定窗户的位置。
接下来也同样参考网格确定家具的形状。

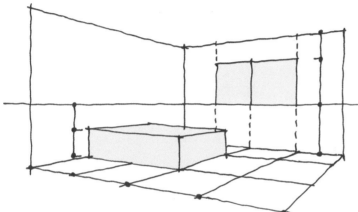

❺画出家具、窗户

HL 至天花板的高度为1500mm，因此窗户的位置应为这个高度的2/3处，即1000mm高的地方。地板 至HL 的高度为1000mm，因此家具的位置应为这个高度的1/2处，即500mm高的地方。
家具、窗户的形状也需参考左右VP 的方向进行描绘。

2.5

两灭点透视图的画法（从前面开始）

样本

画出家具和灯具等物体的细节，以及木地板的纹路，作品完成。

2.6 一灭点透视图的画法 （从后面开始）

如果想要强调房间里面的物体时，使用从后面的墙壁开始向前扩展延伸的画法更为适合。

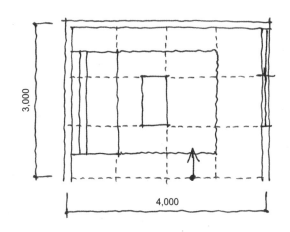

❶视点的设定

首先，要确定观看视点的位置。从箭头的位置开始，眼睛的高度（HL）设定在比坐着时的眼睛高度高1000mm的位置。

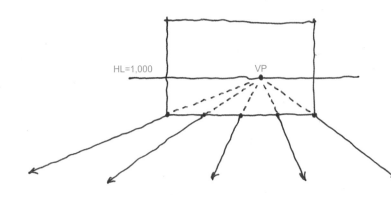

❷VP的设定

设定后面墙壁的位置（横宽4000mm，天花板高2500mm），在高于地板1000mm的位置画出HL。

接下来在HL上确定VP，将地板的网格线向前延伸。

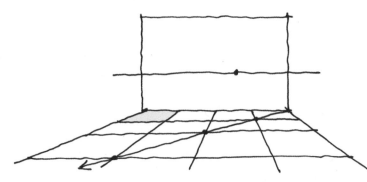

❸画好网格

确定距VP最远处的网格为正方形，将对角线向前延伸，画好网格。

38

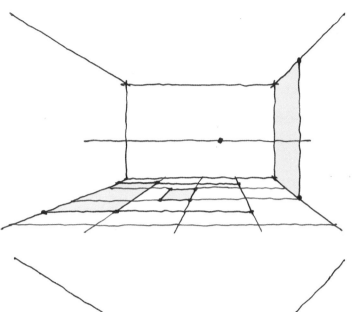

④确定平面位置

根据在网格确定窗户和家具的位置。

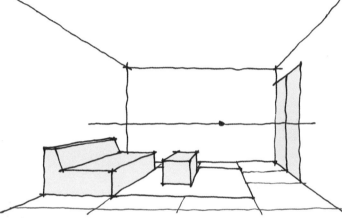

⑤确定高度

利用各线至HL的高度,确定窗户及家具的高度。

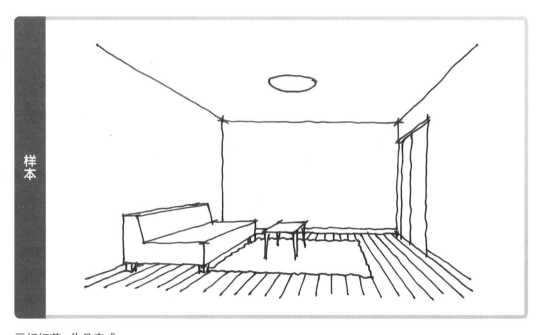

样本

画好细节,作品完成。

2.7 两灭点透视图的画法（从后面开始）

适合描绘房间角落部分的透视、放在角落的家具等。

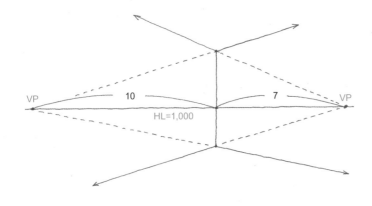

❶ HL 与 VP 的设定

首先，确定房间墙壁的高度为2500mm，HL的高度距离地板1000mm的位置。

接下来在HL上确定两点VP，间隔比例为10：7。再将左右的墙壁从VP开始向前延伸。

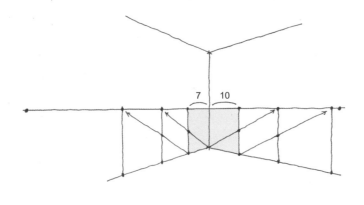

❷ 画出墙壁面的网格

确定左右墙壁的网格为正方形。右侧墙壁的纵深比较缓和，左侧墙壁的比较紧密，因此左右墙壁网络的正方形的宽度比约为7：10。

接下来运用增值法增加正方形的数量。据此可以标记距地板1000mm的HL上网格的点。

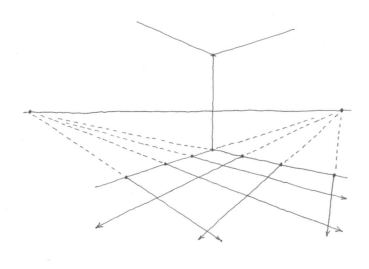

❸ 画出地面的网格

从VP开始向前延伸，完成地面的网格。

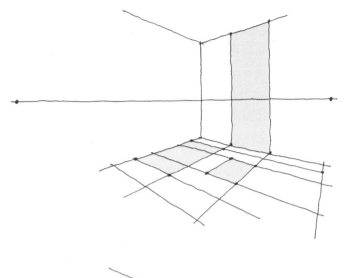

❹确定平面位置

根据网格确定窗户和家具的位置。

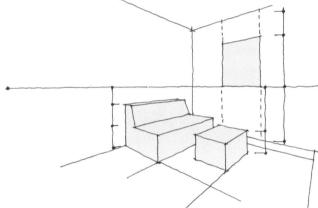

❺确定高度

利用各线至HL的高度,确定窗户及家具的高度。

2.7

两灭点透视图的画法(从后面开始)

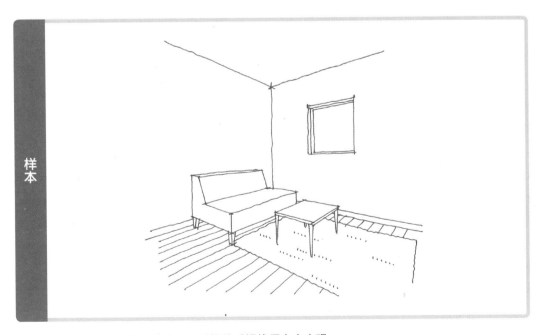

样本

画好细节,作品完成。地毯的纹理可以沿着透视线用点来表现。

41

2.8 俯瞰图的画法

　　将平面图画成从正上方俯瞰的立体图会更容易理解房屋的透视，俯瞰图画法也是最适合表现整个房屋平面设计的方法。

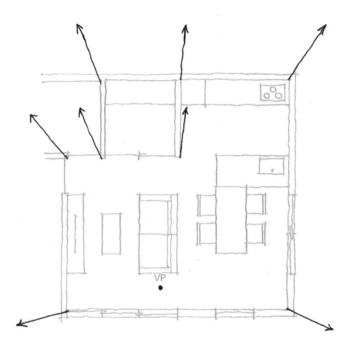

❶ VP 的设定

在平面图上的任意位置画出 VP。接下来将墙壁的各个角从 VP 开始向前延伸。

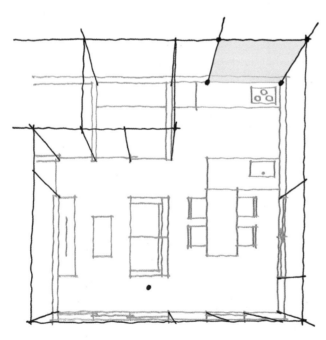

❷ 确定墙壁的高度

在距离 VP 较远的 2000mm 处画一个正方形，其他墙壁也按照2000mm 的高度设定。

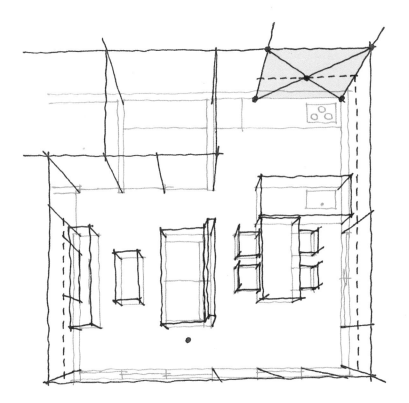

❸家具的高度

将正方形2等分后找到高1000mm的位置。以这个标准确定家具的高度。

2.8

俯瞰图的画法

样本

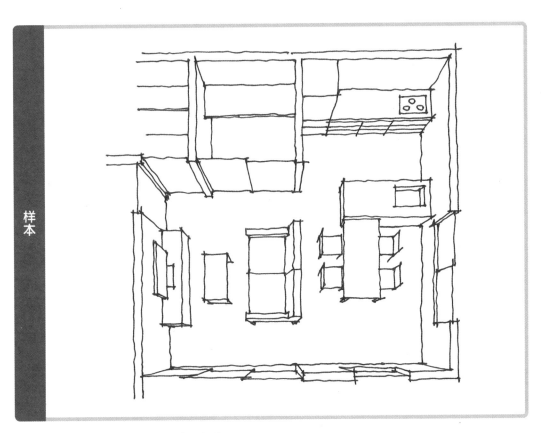

画出墙壁的厚度及家具的细节，作品完成。

2.9 断面透视图的画法

在断面图中增加纵深，能够将平时难以表现的1、2层的连接及楼梯井部分更立体地展现出来。

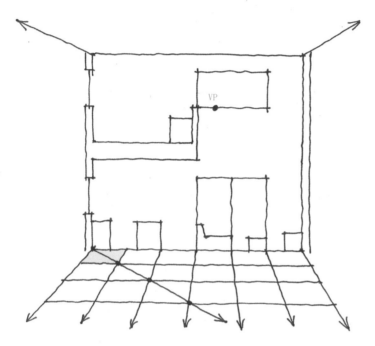

❶VP的设定
在断面上的任意位置画出VP。接下来在地板上画出纵深1000mm的网格。

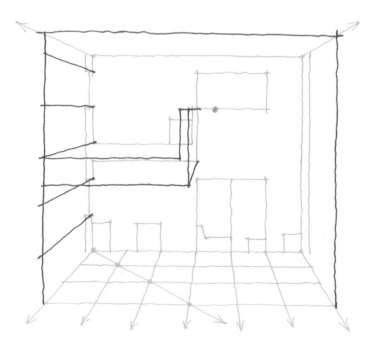

❷墙壁面、地面的确定
画出墙壁及2层的地面等。

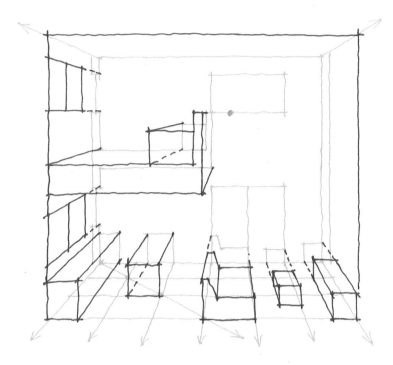

❸画出家具

按照网格线画出窗户和
家具的位置。

样本

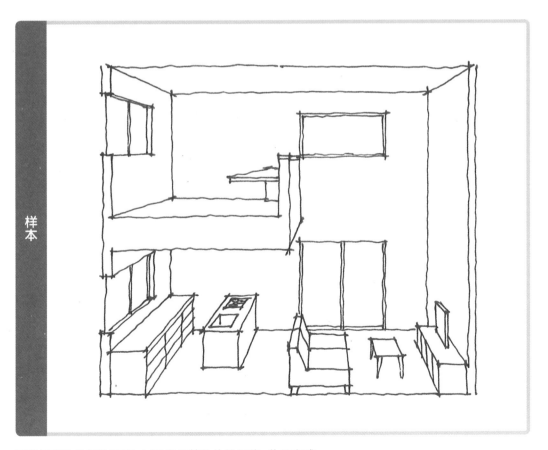

画出墙壁和地板的厚度, 以及家具等物体的细节, 作品完成。

2.9

断面透视图的画法

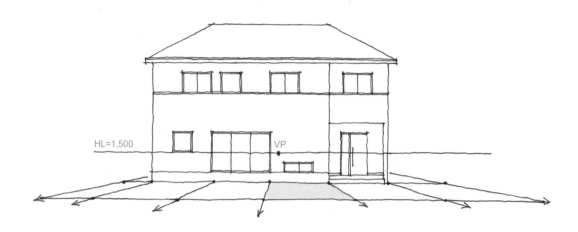

2.10 立面透视图的画法

将建筑物的外观部分画成立体图,也会产生和外观透视图一样的感觉。

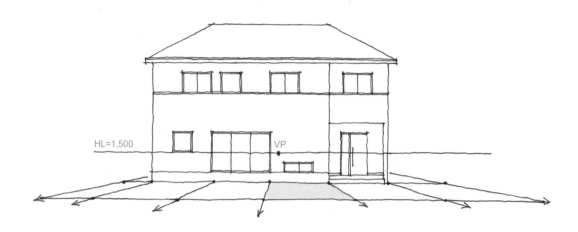

HL=1,500

VP

❶HL、VP的设定

在立面图上找到距地面1500mm的高度,画出HL,在HL上的任意位置画出VP。地面网格的宽约为3000mm,再将正方形向前延伸3000mm。

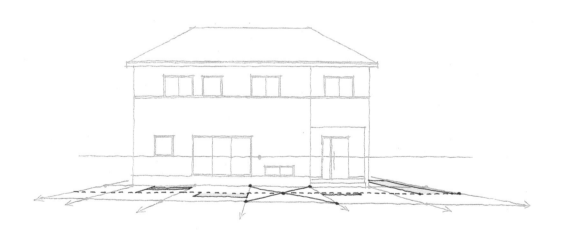

❷平面位置的确定

按照网格确定门前通道及门柱等物体的位置。

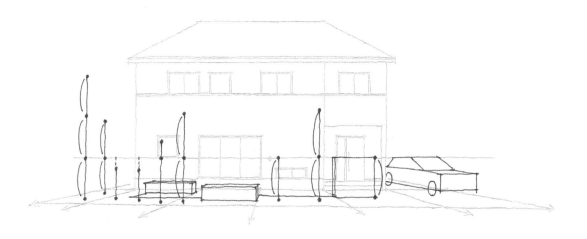

❸确定高度

利用地面至HL1500mm的高度来确定门柱及树木的高度。

样本

画出树木的枝干，作品完成。

2.11 外观：两灭点透视图的画法

从外观察是最容易理解的透视技法。建筑物轮廓的凹凸、外部构造都在一张图上表现出来。

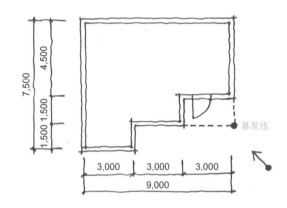

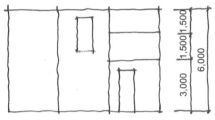

❶视线的设定

此处是从建筑物右侧观看的角度，因此可以将右侧墙壁的角设定为基准线。从上图来看，以2层阳台的角（点线部分）作为基准线进行作图会比较方便。

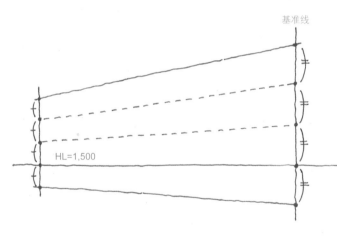

❷透视线

首先将基准线按照4∶1的比例进行分割，在距离地面1500mm高的地方，画出HL。接下来在距离基准线较远的位置画一条比基准线的4等分稍短的4等分线，将这些点连接起来，就是透视线。

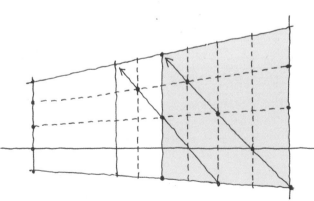

❸画出网格线

在前面画出1500mm×1500mm的正方形，利用对角线向内侧延伸画出墙壁的网格至9000mm远。

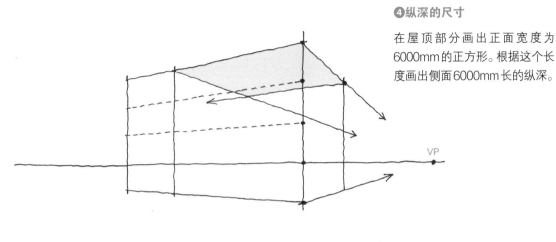

❹纵深的尺寸

在屋顶部分画出正面宽度为6000mm的正方形。根据这个长度画出侧面6000mm长的纵深。

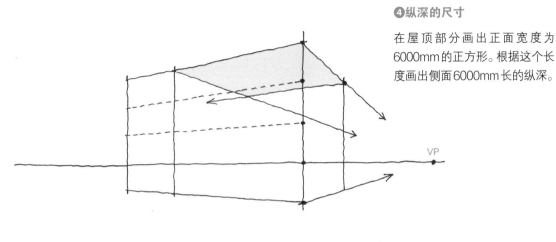

❺纵深方向的凹凸

画出侧面的对角线,其与HL的交点所在宽线的1500mm处,将这部分作为阳台留下来,从玄关部分墙壁的基准线开始向内侧凹陷。接下来左侧的凹凸可以利用增值法向前增加1500mm的突出部分,并将墙壁延伸至此。

样本

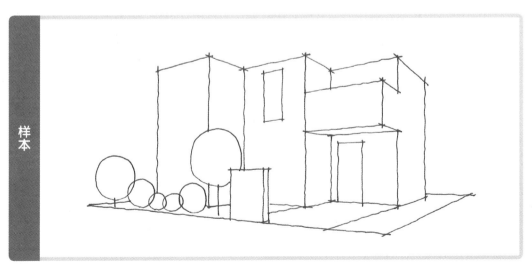

画出门柱和树木后,作品完成。

2.11

外观:两灭点透视图的画法

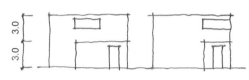
2.12 街道透视图的画法

当建筑物连在一起时，可以使用这个方法来进行绘画。距离延伸得比较长时，远处的建筑物看起来会很小。

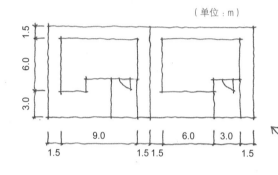

（单位：m）

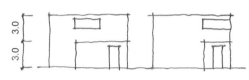

❶视点的确定

视角设定为右侧。

首先将两栋建筑物结合在一起确定宽度。

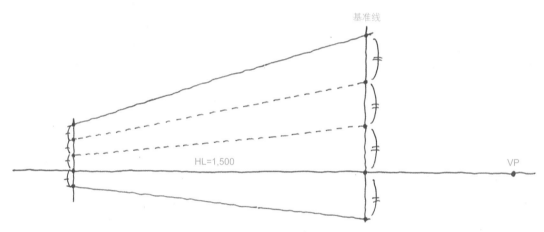

❷透视线

首先将基准线按照4：1的比例进行分割，在距离地面1500mm高的地方，画出HL。接下来在距离基准线较远的位置画一条比基准线的4等分稍短的4等分线。将这些点连接起来，就是透视线。

❸画出网格

在前面画出1500mm×1500mm的正方形，利用对角线，向内侧延伸画出墙壁的网格至21000mm远。

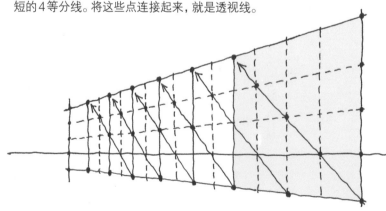

❹纵深的尺寸

在屋顶部分画出正面宽度为6000mm的正方形。根据这个长度画出侧面6000mm长的纵深。

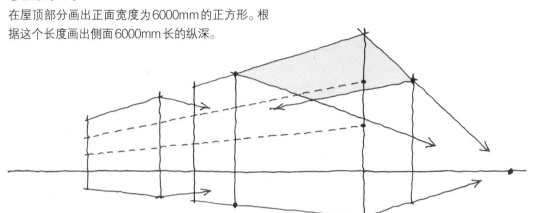

❺纵深方向的凹凸

画出墙壁凹进去的部分。

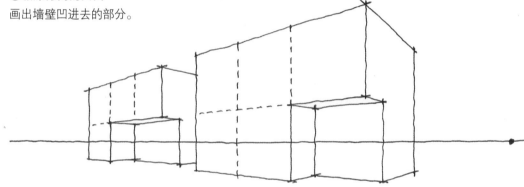

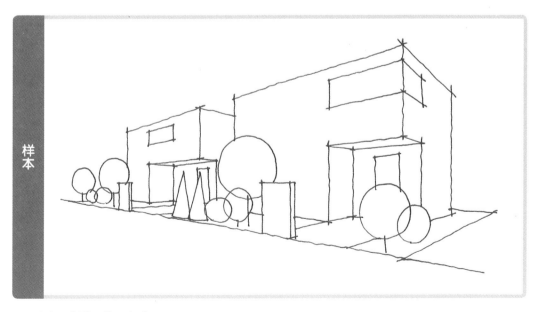

样本

画出窗户和树木,作品完成。

2.12 街道透视图的画法

2.13 鸟瞰图的画法

表现建筑物内外关系时还是利用鸟瞰图更加简单易懂。画法很简单，只需要将两灭点透视的HL的位置提高即可。

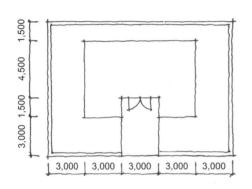

❶视点的设定

鸟瞰透视图的视线高度更高。本图中我们将HL设定在比屋顶更高的位置，即HL=12000mm。

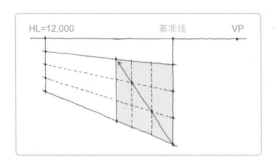

❷画出网格

将基准线底端至HL之间的距离4等分，画出间隔为3000mm的透视线。墙壁网格尺寸为3000mm×3000mm，正面宽度为9000mm，高为9000mm。

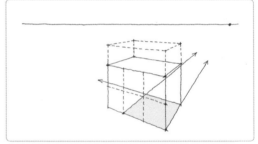

❸纵深的尺寸

在地面上画出6000mm长的正方形，侧面的宽度也为6000mm。以此可以确定屋顶下面部分的两个墙面。

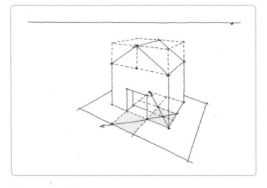

❹纵深方向的凹凸

屋顶是建筑物的中心。玄关部分1500mm的凹陷可以利用分割法进行绘画。

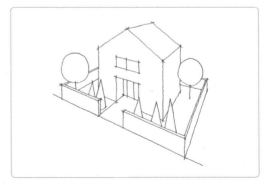

❺完成

画出围墙和树木，作品完成。

第二篇

实践篇

在实践篇中，我们会通过各种各样的实际案例绘制，来了解透视图的构成。 书中
每一幅例图都已画好必要的透视线、
大家可将其当作模板来临摹、
自然地掌握透视线与实际作品的关系。

3.1 第3章 室内规划设计透视基础
室内效果图常见元素

通常情况下，人们会按照使用方便的尺寸来制作家具。但如果绘制时只注重立体感，忽略物体本身的比例，这样的作品也是不好的。本节中，我们来学习按照家具的合适尺寸进行描绘的技巧。

椅子（一灭点）

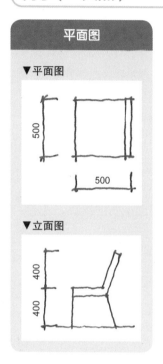

▼平面图

▼立面图

❶ HL 的设定

将HL设定为距GL（注：地面）起1200mm的位置，从GL开始画出椅子的立面。

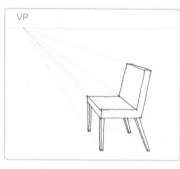

❷ 画出框架

在HL上的任意位置画出VP，将纵深方向的线与VP相连。
在任意位置上画出宽度为500mm的正方形。

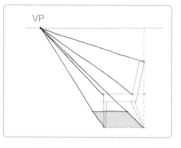

❸ 细节的描绘

椅背稍稍倾斜，绘制时要注意后面椅子腿的位置，这样平面图的整体比例才会协调。

临摹图

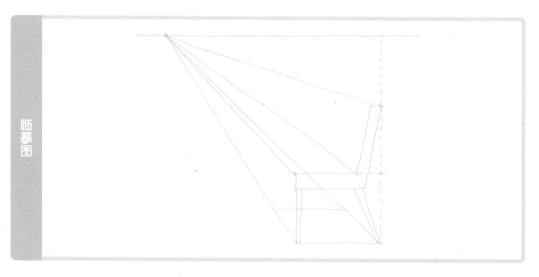

3人沙发（一灭点）

平面图

▼平面图

2,400

800

▼立面图

400 400

400

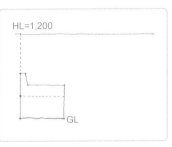

HL=1,200

GL

❶HL的设定

将HL设定为距GL1200mm的位置，从GL开始画出沙发的立面。

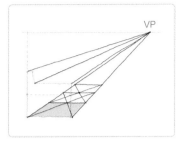

VP

❷画出框架

在HL上的任意位置画出VP，将纵深方向的线与VP相连。沙发的宽度为2400mm，需画出3个宽800mm的正方形。

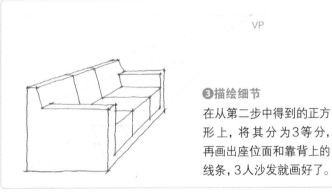

VP

❸描绘细节

在从第二步中得到的正方形上，将其分为3等分，再画出座位面和靠背上的线条，3人沙发就画好了。

临摹图

3.1

室内效果图常见元素

海芋

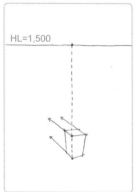

HL=1,500

❶**HL 的设定**
将 HL 设 定 为 距 GL1500mm 的 位置,确定从 GL 起花盆的高度。

❷**画出叶子部分**
画出细长的心形叶子的大致形状。

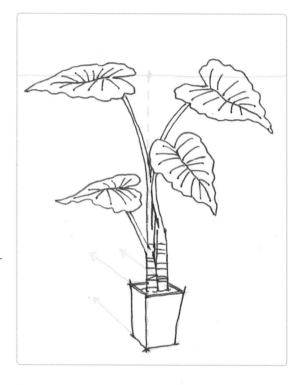

❸**描绘细节**
叶子不规则的生长方向使画面看起来会更加自然。

临摹图

椰子

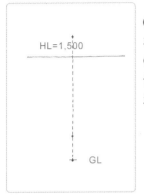

❶HL 的设定
将 HL 设定为距 GL1500mm 的位置,确定从 GL 起椰子的高度。

❷ 画出叶子部分
画出细长菱形的叶子。叶子的生长方向是不规则的。

❸ 描绘细节
每一片叶子的走向都要按照菱形来画。

临摹图

3.1

室内效果图常见元素

57

3.2 室外效果图常见元素

与室内设计相同，在外观上增加一些点缀，不仅突出了建筑物的美感，外观的透视图也更加和谐。

树（叶）

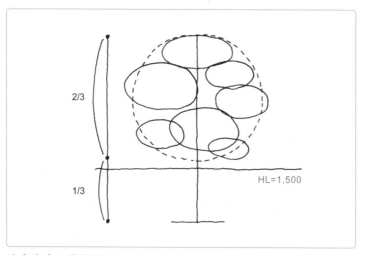

2/3

1/3

HL=1,500

技法点（Point）

描绘树形时，要注意切忌使树干向左或者向右倾斜。如果树干倾斜，就要注意整体的平衡。

✘ 向右倾斜

○ 虽然树干向右倾斜，但树叶偏左，保持了整体的平衡。

确定高度及描绘树形

在树木高度2/3的地方画出树叶。先画出一个大圆，在圆中画出数个树叶团，大小和位置杂乱一些会显得比较自然。

样本

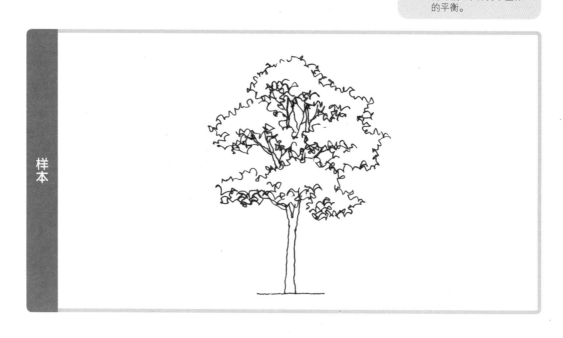

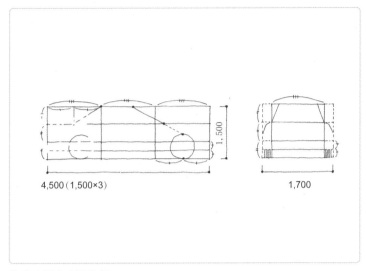

汽车

4,500（1,500×3）   1,700

1,500

▼草稿的顺序

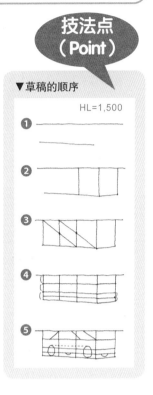

HL=1,500

1

2

3

4

5

汽车（轿车）的比例

日常生活中，我们经常看到汽车，但突然间要画出来却觉得很有难度。首先我们要了解汽车的大致比例。绘画的顺序为，先画出一个可以容纳汽车的箱体，然后在这个箱体中画出汽车的形状。

3.2

室外效果图常见元素

样本

3.3 平面图中阴影的画法（铅笔）

首先我们从来绘制平面图的阴影。只需要一点时间，就能使平面图发生很大变化，看起来更加立体。

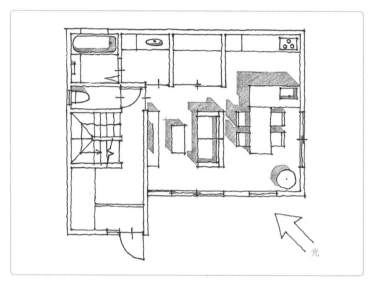

假设光线从箭头方向照射过来，要根据家具等其他物体的高度来确定影子的高度，注意阴影在光的反方向。铅笔线条的宽窄要统一，这样画面看起来更整齐。

填色图

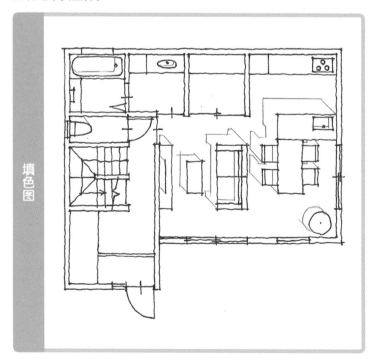

技法点（Point）

电视的影子会投射在电视柜上，沙发靠背与扶手的影子会投在沙发和地面上。

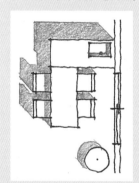

吧台和餐桌椅的影子融为一体。不要忘记水槽也有阴影。

3.4 平面图的着色（色铅笔）

本节我们用色铅笔来试着给平面图上色，图的颜色会很温馨。

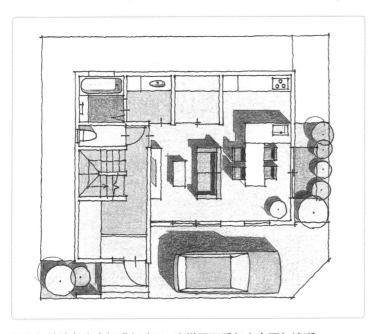

用色铅笔给每个房间进行分区，这样画面看起来会更加清晰。

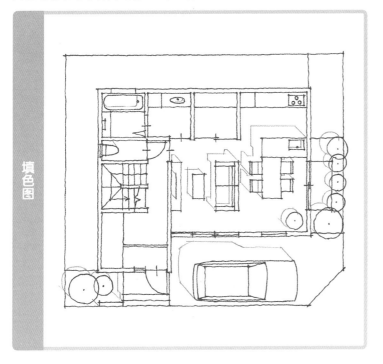

填色图

技法点（Point）

玻璃面用倾斜的线条进行描绘，对高光部分进行留白可以突出质感。

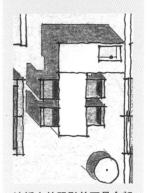

地板上的阴影并不是全部涂黑来画，而是选择深色，家具的阴影也同理来画。

3.4

平面图的着色（色铅笔）

61

3.5 简略立体透视图

相比有灭点的透视图，没有灭点的透视图是将平面图更加立体化的好方法。

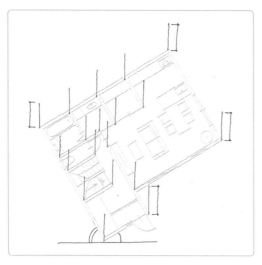

❶画出墙壁

将平面图倾斜30°放置，垂直画出墙壁。与图画的比例相同，墙壁的高度为1.5m~2.0m。

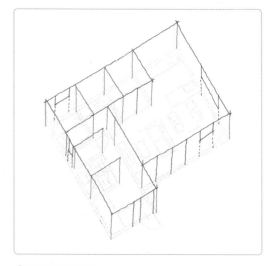

❷画出开口部分

参考墙壁的位置画出开口部分。

临摹图

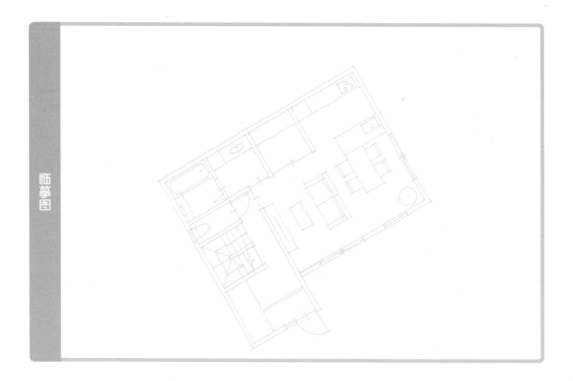

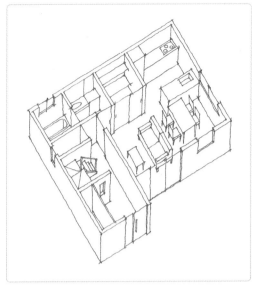

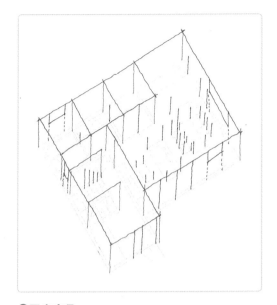

❸画出家具

画出每个家具的位置。

❹墙壁的厚度

墙壁的缺口按照原本平面图的设置提升高度即可。

样
本

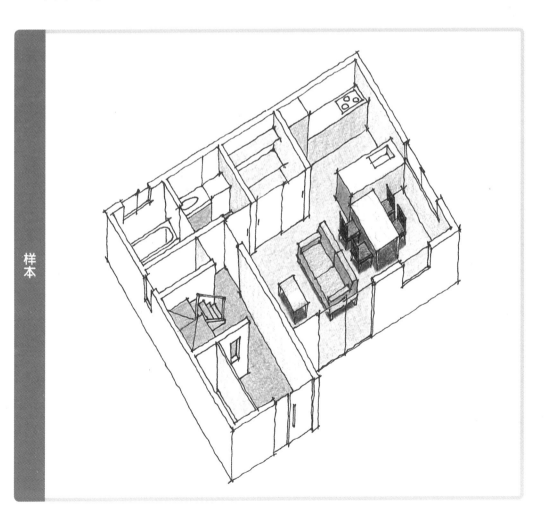

3.5

简
略
立
体
透
视
图

3.6 起居室（一灭点透视）

视点设定在茶几前面，这个角度既可以看到沙发，也可以看到电视。

平面图

正面宽度=3000mm
纵深=3000mm
天花板高=2500mm

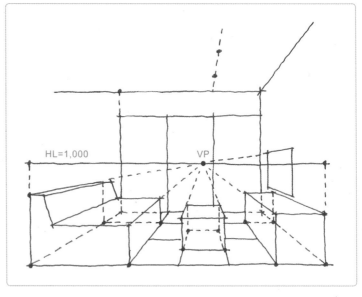

透视图
要注意纵深的方向全部都是朝向VP的。

样本

绘制墙壁、桌子、电视柜的角，可以将线条稍稍交叉，这样能够表现出尖锐锋利的感觉。
相反若要突出沙发、靠垫的柔软质感，就用圆角来表现。

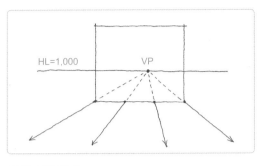

❶ 视点的设定

首先在地面高1000mm的位置画出HL，并在HL
上画出VP。接下来从VP开始画出长1000mm的
网格。

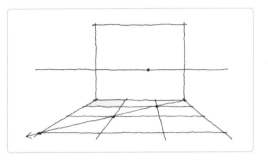

❷ 画出网格

在网格上距离VP最远的地方画正方形，将对角
线向前延伸，确定与网格的各个交点。

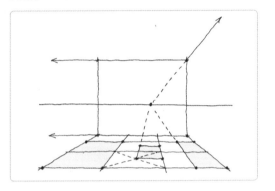

❸ 家具的位置

根据网格确定窗户和家具的位置。右侧的墙壁也
要向前延伸。

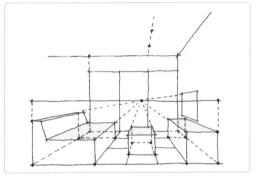

❹ 确定家具的高度

以地板到HL1000mm的高度为标准，确定家具
的高度。

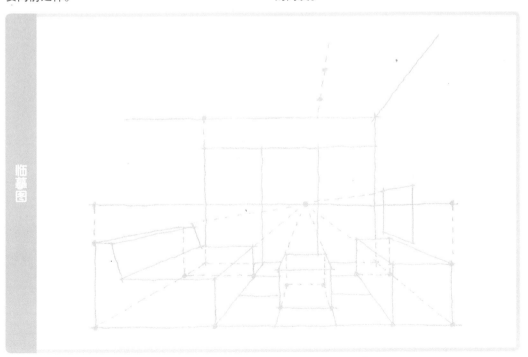

临摹图

3.6

起居室（一灭点透视）

3.7 餐厅（一灭点透视）

　　如果将视点设置在餐桌椅的前面，那么椅子的很容易前后重叠，因此应该将视点取在右侧更方便作图。

平面图

正面长=4000mm
纵深宽=3000mm
天花板高=2500mm

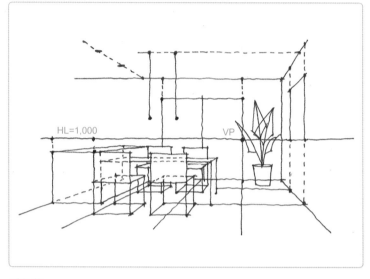

透视线

照明的位置也要根据地板的网格来确定，可以向墙壁、天花板移动一下观察效果。

样本

木地板的纹路都是朝向VP的方向，距离VP越远线条越紧密。

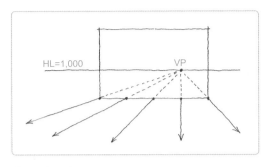

❶VP 的设定

首先在地板高1000mm的位置，在墙壁上画出HL，在HL上的视点位置画出VP。接下来从VP出发向前画出1000mm长的网格。

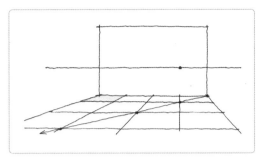

❷画出网格

在距离VP远的位置画出正方形，将对角线向前延伸确定网格的各个交点。

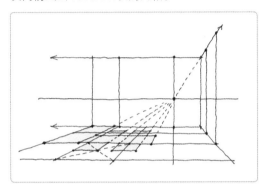

❸家具的位置

根据网格确定窗户和家具的位置。右侧墙壁也要向前延伸。

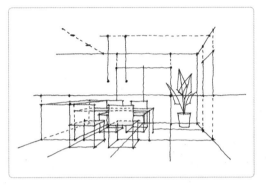

❹家具的高度

家具的高度即地板至HL的高度，为1000mm。吊灯的高度以天花板至HL的高度1500mm为基准确定。

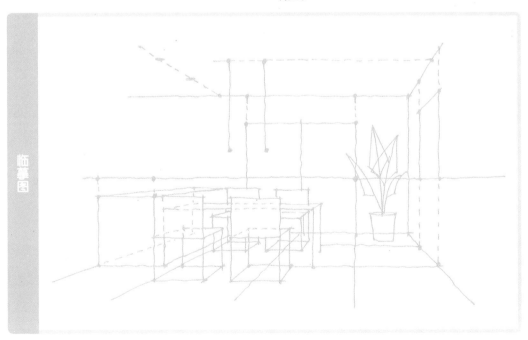

临摹图

3.7 餐厅（一灭点透视）

3.8 卧室（两灭点透视）

如果用一灭点透视来画一间有大床的房间的话，很难传递出空间的宽大，因此采用两灭点透视给房间增加一些动感吧。

平面图
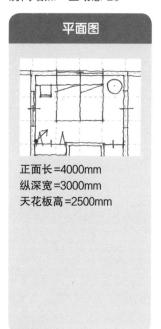

正面长 =4000mm
纵深宽 =3000mm
天花板高 =2500mm

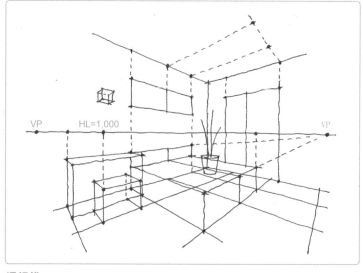

透视线

要注意代表长和宽的线要朝向各自左右的VP。

样本

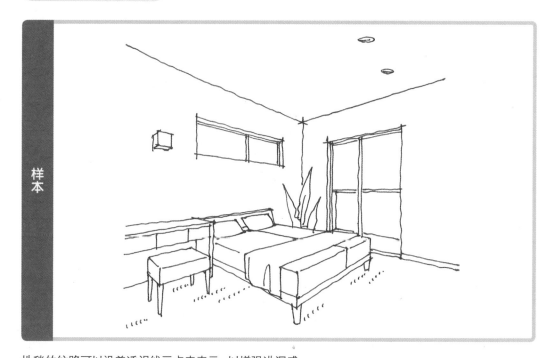

地毯的纹路可以沿着透视线画点来表示，以增强进深感。

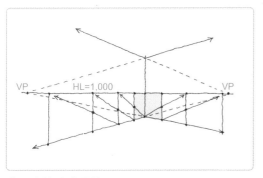

❶ 画出墙壁的网格

首先，确定房间的内墙高度为2500mm，HL的高度为距地板1000mm的位置。接下来在HL上确定两点VP，距离比例为7∶10。将左右墙壁沿VP向前延伸。

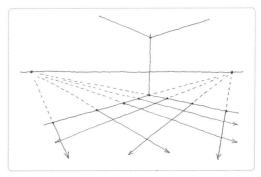

❷ 画出地面的网格

画出左右墙壁。右侧墙壁角度比较小，左侧墙壁角度比较大，因此左右的方形宽幅比例为7∶10。接下来使用增值法向前扩增出地面的方形。这样就在地板上标记出了网格。

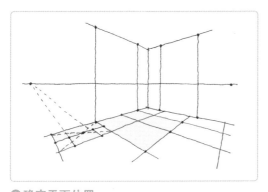

❸ 确定平面位置

从VP开始向前延伸地板网格，根据网格确定窗户和家具的位置。

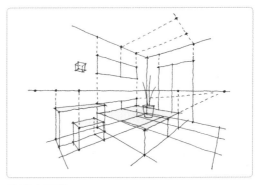

❹ 确定高度

家具的高度以地板至HL的高度1000mm为基准，窗户和灯的高度以天花板至HL的高度1500mm为基准。

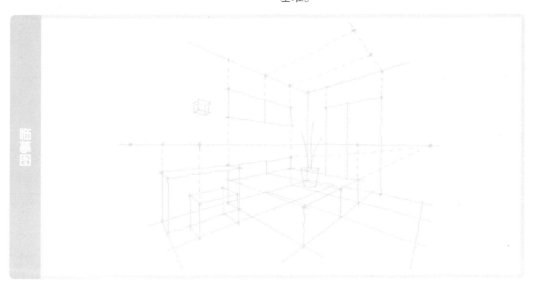

3.9 转角吧台（两灭点透视）

本例学习的是展示吧台的转角透视图。让我们从走廊的角度来试着描绘一下。

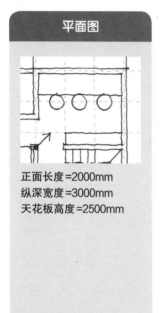

平面图

正面长度=2000mm
纵深宽度=3000mm
天花板高度=2500mm

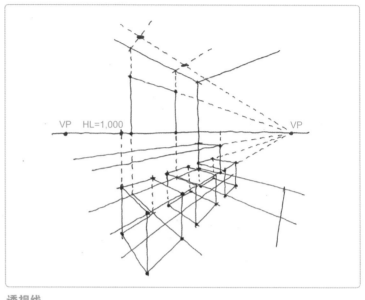

透视线

三把椅子并行排列在透视线上。

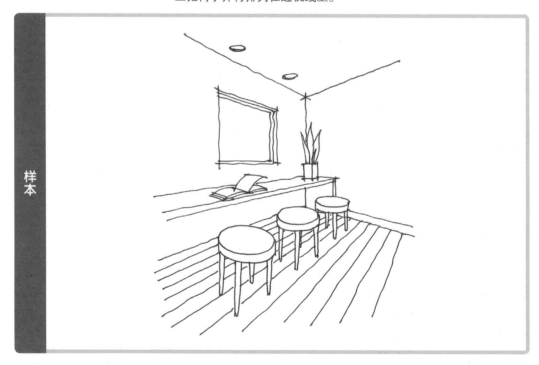

样本

椅子的圆形面可以通过在正方形内画内接圆来得到，这样会使画面更有远近感。

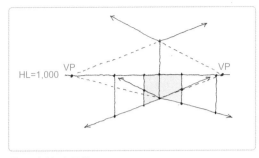

①画出墙壁网格

首先，确定房间的内墙高度为2500mm，HL的高度为距地板1000mm的位置。接下来在HL上确定两点VP，距离比例为7∶10。将左右墙壁沿VP向前延伸。

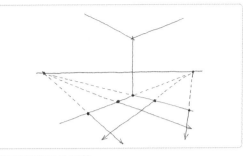

②画出地面的网格

画出左右墙壁的正方形，左右正方形宽幅比例为7∶10。接下来用增值法向前扩增正方形。这样就在地板上标记出了1000mm的网格。

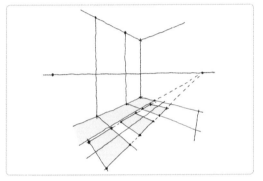

③确定平面位置

从VP开始向前延伸地板网格，根据网格确定窗户和家具的位置。

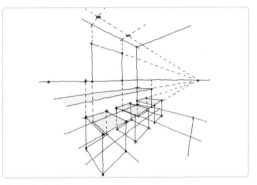

④确定高度

家具的高度以地板至HL的高度1000mm为基准，窗户和灯的高度以天花板至HL的高度1500mm为基准。

临摹图

3.9

转角吧台（两灭点透视）

3.10 客厅（一灭点透视）

在作图时要注意家具的前后会有重叠，例如茶几会被沙发挡住，所以不画也可以。

平面图

正面长度=4000mm
纵深宽度=4000mm
天花板高度=2500mm

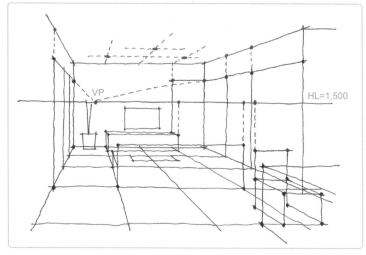

透视线

画出一部分餐桌，会使画面空间感更强，也会在视觉上突出房间宽敞的效果。

样本

画出左手边的植物也可以强调空间感。

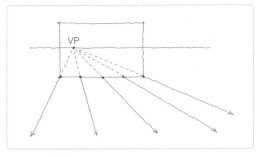

❶ VP 的设定

首先在距离地板 1500mm 高的位置画出 HL，在 HL 上视点的位置画出 VP。接下来从 VP 延伸画出 1000mm 的网格。

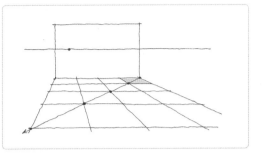

❷画出网格

先确定距 VP 最远的正方形，将对角线向前延伸确定网格的各个交点。

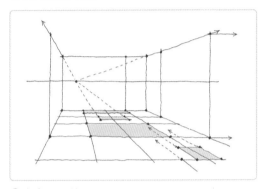

❸确定平面位置

根据网格线确定窗户及家具的位置。将左右两边的墙壁向前延伸。

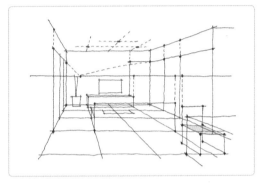

❹确定高度

以地板至 HL1500mm 的高度为基准，确定家具的高度。

3.10

客厅（一灭点透视）

临摹图

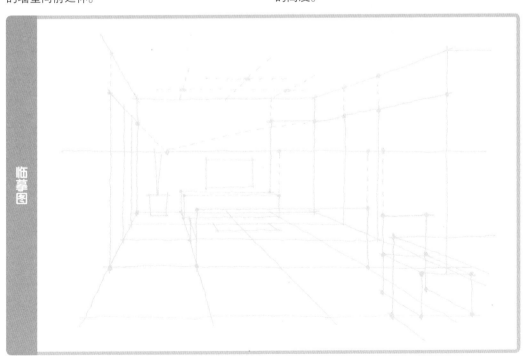

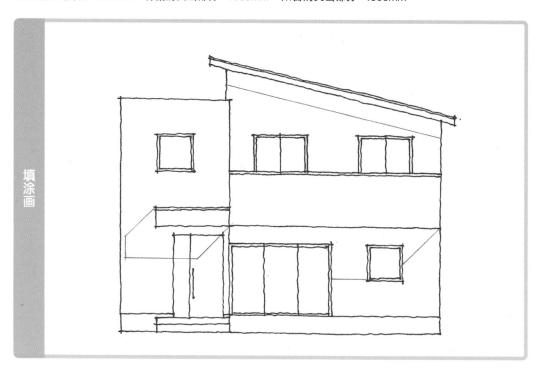
3.11 立体图中阴影的画法（铅笔）

设计图中比较难表现的是墙壁的凹凸部分，我们可以通过添加阴影来表现房屋的立体感。

技法点（Point）

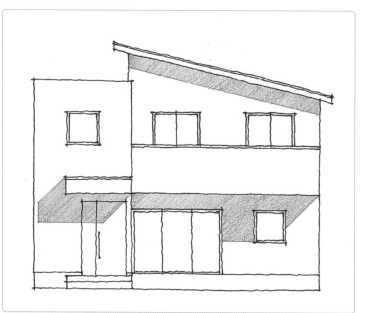

房檐的突出部分与影子的长度相同，倾斜角度为45°。

窗户的玻璃上没有影子。

屋顶的突出部分=500mm　　房檐的突出部分=1000mm　　阳台的突出部分=1500mm

填涂画

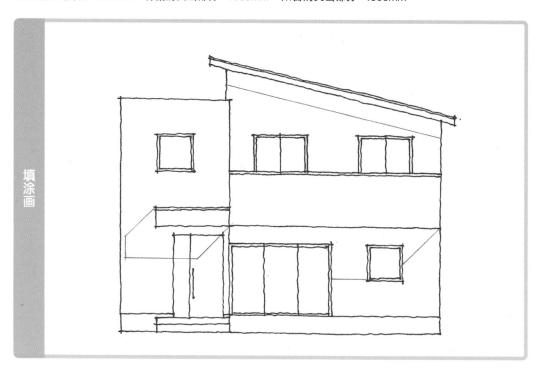

3.12 立体图的着色（马克笔）

给设计图上色后会更加凸显质感。上色时要注意观察木板和瓷砖的纹路。

技法点（Point）

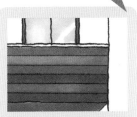

通过叠加上色的方式，画出每一块木板不规则的纹理。

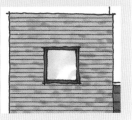

瓷砖的花色用点来表现。

填涂画

3.12

立体图的着色（马克笔）

3.13 门前通道（一灭点透视）

如果想要表现玄关附近的门前通道或者是以植物为中心的景观时，可以通过描绘部分外观来表现。

平面图

正面长度=6000mm
纵深宽度=3000mm

样本

门前通道的纵深和玄关处的形状都要画清晰。盆栽的叶子用柔和的笔触来表现。

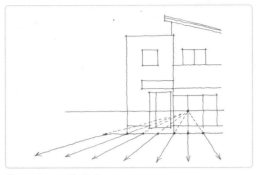

❶ HL 与 VP 的设定

在立面图上从地面起1500mm高的位置画出HL。在HL上的任意位置确定VP。在地面上画出1000mm的网格。

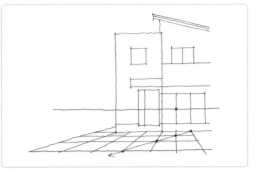

❷ 画出地面的网格

在距离VP较远的位置确定网格的正方形，将对角线向前延伸得到网格的各个交点。

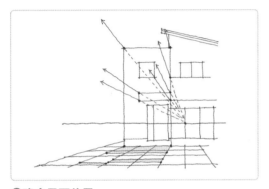

❸ 确定平面位置

通过网格确定门前通道和墙外壁的位置。

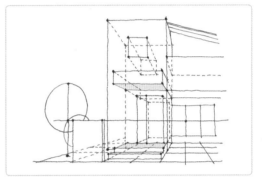

❹ 确定高度

利用地面至HL1500mm的高度确定门柱和树木的高度。

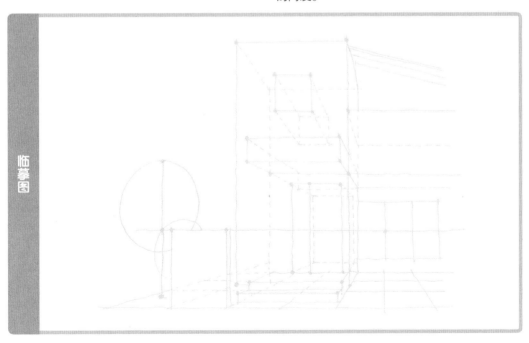

临摹图

3.13

门前通道（一灭点透视）

3.14 外观（两灭点透视）

从平面图的箭头方向观察建筑物。确定好建筑物的轮廓之后再补充外部构造。

图面

（单位：m）

❶透视线

假设从右侧观察建筑物,那么右边的墙角就是基准线。这时可以以2楼阳台的角(点线部分)作为基准线进行作图。

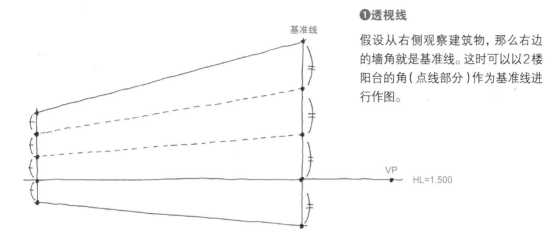

❷画出网格

首先将宽6000mm的边确定为基准线,以1500mm的间隔将地面进行分割,距地面1500mm的高度为HL。接下来在距离基准线较远的位置画出一条短线,与基准线比例相同分成4段。将各个点进行连接,即为透视线。然后在前面画出1500mm×1500mm的正方形,利用对角线将后面墙壁的网格扩大到9000mm。

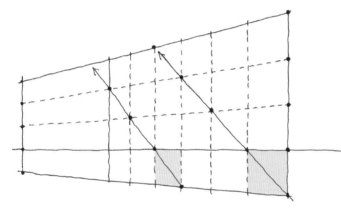

❸纵深尺寸

将正面长度为6000mm的正方形作为屋顶部分,以此确定侧面的纵深为6000mm。

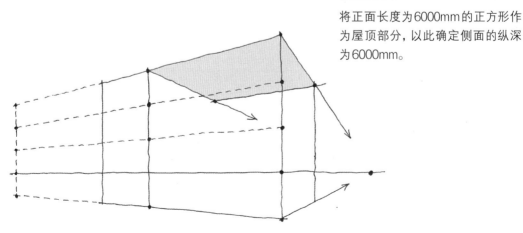

3.14

外观(两灭点透视)

79

❹纵深方向的凹凸

画出侧面的对角线，与HL的交点为纵深1500mm的位置，这一部分作为阳台保留下来，以玄关部分的墙壁为基准线向内凹陷。接下来将左侧凹陷的正方形利用增值法向前延伸1500mm，画出突出部分。

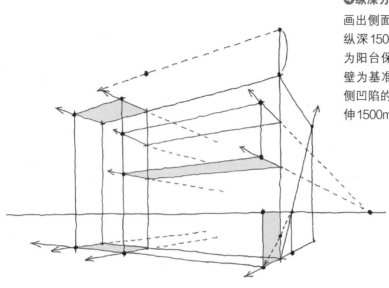

❺细节的尺寸

通过网格线确定房屋的正面。利用外墙1500mm的正方形确定土地部分。

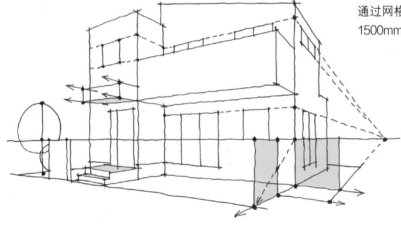

❻加入装饰

画出地面上的门柱、树木及其他物体。

❼**完成**

画出房顶、树木等物体的厚度，给树木添加上树叶，作品完成。

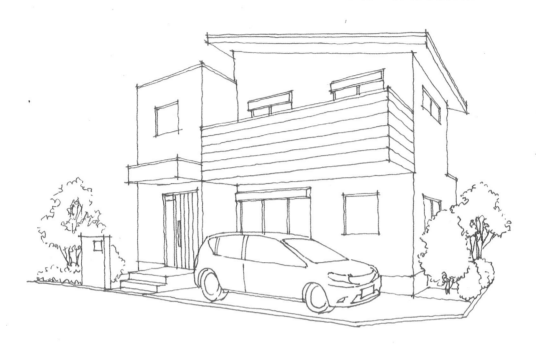

临摹图

3.14

外观（两灭点透视）

3.15 平面图的着色（水彩①）

用柔和的水彩颜料为平面图上色。

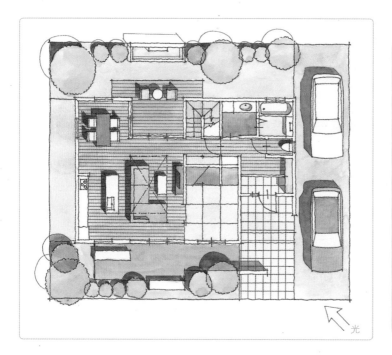

光

技法点
（Point）

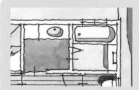

水池和浴缸的凹陷部分会出现阴影。

植物不是单调的一种绿色，可以利用黄绿、蓝绿等各种绿色进行区分着色。

填涂画

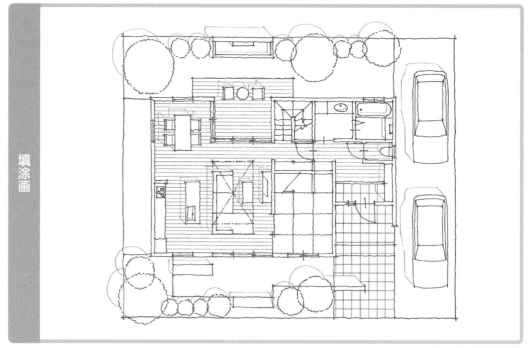

3.16 平面图的着色（水彩②）

　　各个房间地毯的颜色会按照房间配置的不同而有所不同，如小朋友的房间可使用明亮的颜色，主卧室则选择沉着稳重的颜色。

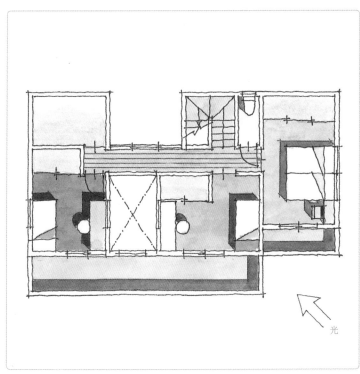

光

技法点（Point）

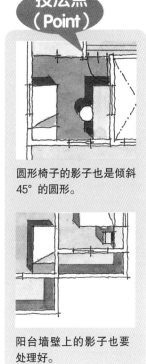

圆形椅子的影子也是倾斜45°的圆形。

阳台墙壁上的影子也要处理好。

填涂画

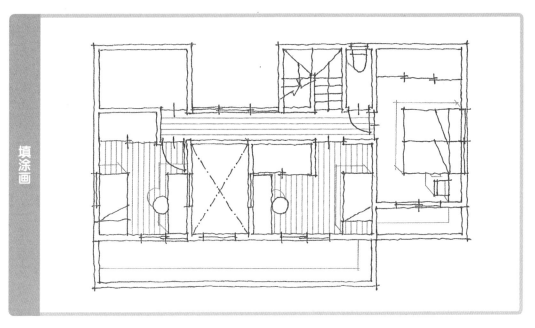

3.17 俯瞰图（一灭点透视）

本节中我们来尝试画一下LDK的中心俯瞰图。

平面图	家具的高度

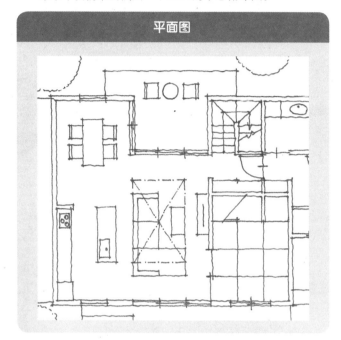

家具	高度
沙发座面	=350mm
茶几	=400mm
电视柜	=500mm
厨房灶台	=850mm
餐椅	=400mm
餐桌	=700mm

样本

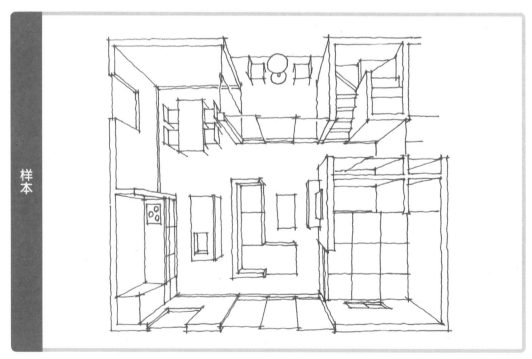

给墙壁加上厚度，画好家具，作品完成。

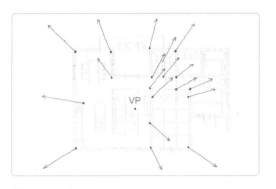

❶ VP 的设定

在平面图的任意位置确定VP。接下来从VP开始将墙壁的各个角向前延伸。

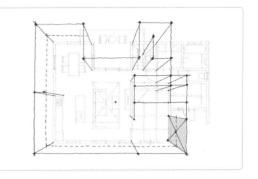

❷ 确定墙壁的高度

在距离VP较远的位置画出2000mm大小的正方形,其他墙壁的高度也按照2000mm大小设定。

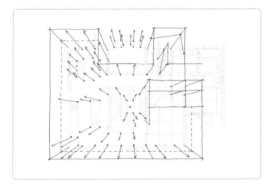

❸ 家具的高度

将正方形2等分,找到1000mm高度的位置。将家具的高度从VP开始向前延伸。

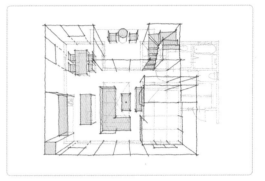

❹ 家具的形状

按照每个家具的高度进行描绘。

临摹图

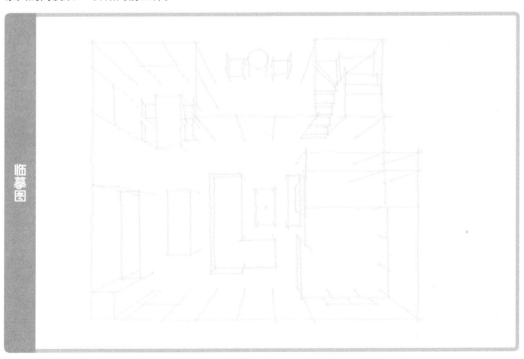

3.17

俯瞰图(一灭点透视)

3.18 断面透视图（一灭点透视）

1层与2层的连接处或楼梯井部分可以用断面透视图来表现。

断面图

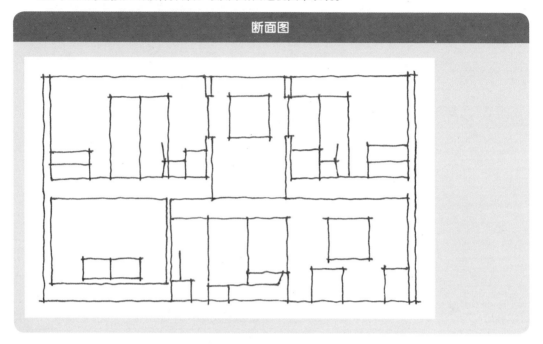

样本

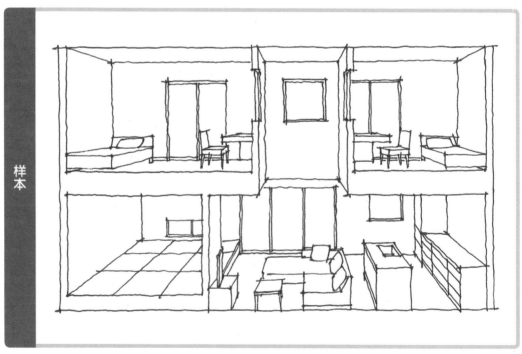

画出断面图中墙壁和地板的厚度。

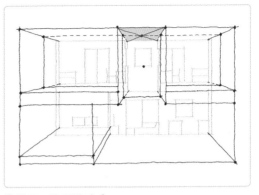

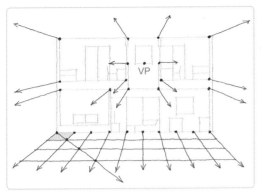

❶ VP 的设定

在断面图的任意位置画出 VP。接下来在地面上画出 1000mm 的网格。

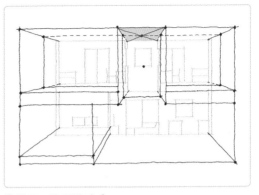

❷ 墙面、地面的确定

将墙壁及 2 层的地板从 VP 开始向前延伸。

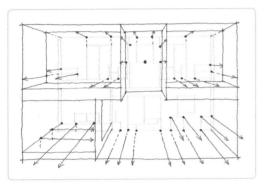

❸ 家具的位置

窗户和家具也从 VP 开始向前延伸。

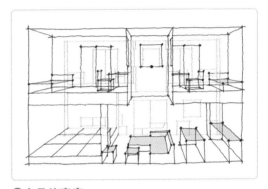

❹ 家具的高度

按照网格确定窗户和家具的高度。

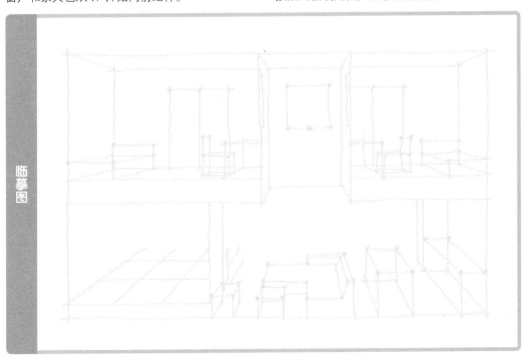

临摹图

3.18

断面透视图（一灭点透视）

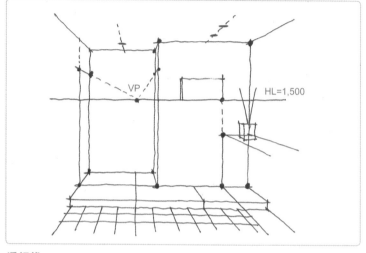

3.19 玄关（一灭点透视）

像玄关、走廊、厨房等经常站立的房间，眼睛的高度通常设定在距地面1500mm的位置。

平面图

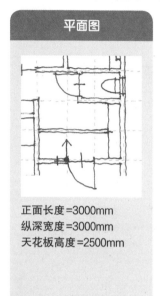

正面长度=3000mm
纵深宽度=3000mm
天花板高度=2500mm

透视线

要从房间门口处的木地板起画一个台阶。木地板的纹路间距要相等。

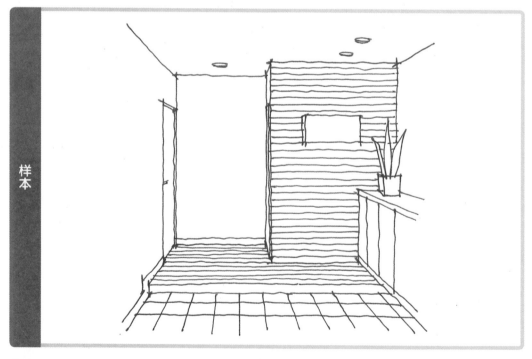

木地板的水平纹路距离视角越远间距就变得越细，为了避免最后的线条变成一团黑可以适当省略。

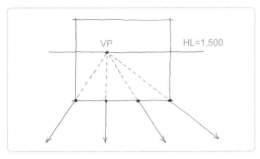

❶ VP 的设定

首先在距地板 1500mm 高的位置画出 HL，在 HL 视点的位置画出 VP。接下来从 VP 延伸画出 1000mm 的网格。

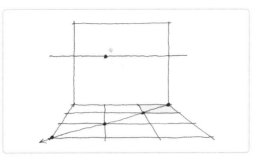

❷ 画出网格

在距离 VP 较远的位置画出正方形，将对角线向前延伸得到网格的各个交点。

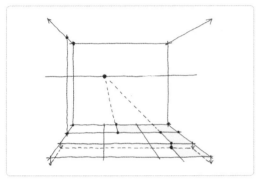

❸ 确定平面位置

根据网格确定窗户及家具的位置。门口要稍稍画出台阶。

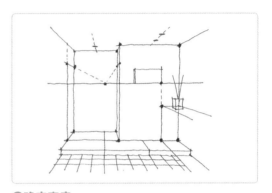

❹ 确定高度

以地板至 HL1500mm 的高度为基准，确定家具的高度。

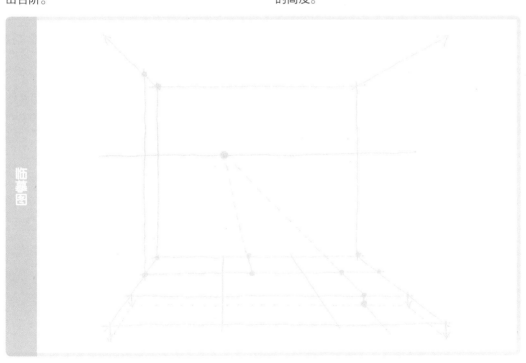

3.19

玄关（一灭点透视）

临摹图

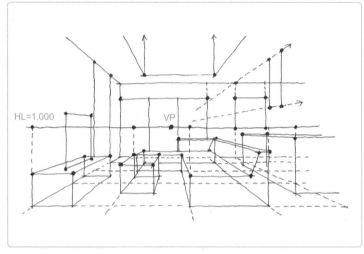

3.20 起居室（一灭点透视）

以起居室为中心的角度下，稍稍加入右侧厨房部分，可以增加空间的衔接。

平面图

正面长度=4000mm
纵深宽度=3000mm
天花板高度=2500mm

HL=1,000   VP

透视线

通过从地板网格向天井、墙壁的移动，来确定楼梯井的位置。

样本

画出沙发靠垫和茶几上的书等小物件来增加生活气息。

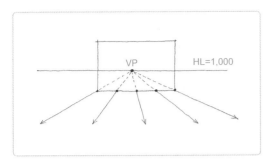

①VP 的设定

首先在距地板 1000mm 高的位置画出 HL，在 HL 视点的位置画出 VP。接下来从 VP 起画出 1000mm 的网格。

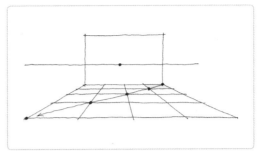

②画出网格

在距离 VP 较远的位置画出正方形，将对角线向前延伸得到网格的各个交点。

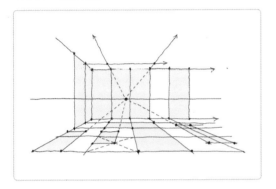

③确定平面位置

根据网格确定窗户及家具的位置。将左侧墙壁向前延伸，补充厨房一侧的空间。

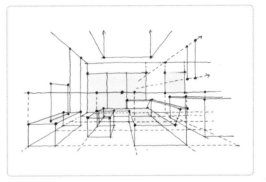

④确定高度

以地板至 HL1000mm 的高度为基准，确定家具的高度。

3.20

起居室（一灭点透视）

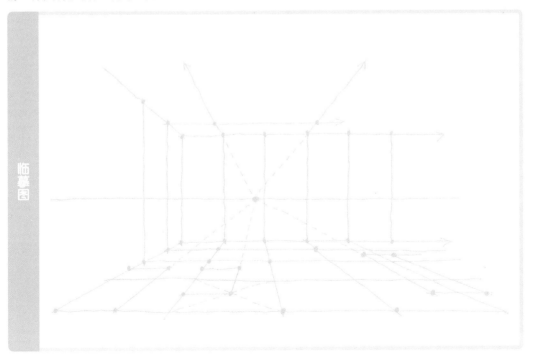

临摹图

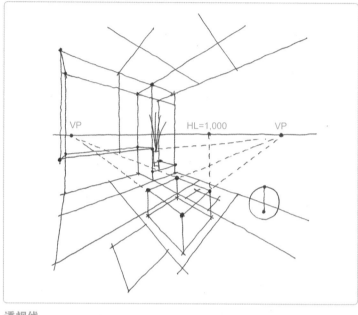

3.21 和室（两灭点透视）

即使是狭小的和室房间，若以两灭点的角度进行绘画，也能表现得比一灭点更宽敞。

平面图

正面长度=3000mm
纵深宽度=3000mm
天花板高度=2100mm

VP HL=1,000 VP

透视线

榻榻米的纹路和天花板的纹路都是朝向VP的。

样本

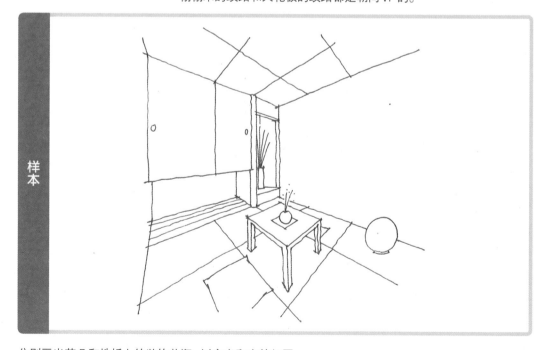

分别画出茶几和地板上的装饰花瓶，以突出和室的氛围。

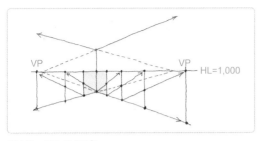

❶HL、VP的设定

首先确定房间内墙的高度为2000mm，HL在距地板1000mm的位置。接下来在HL上确定两点VP，在墙壁上确定1000mm的正方形网格。

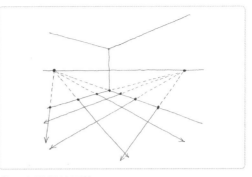

❷画出地板的网格

从VP开始向前延伸完成地板网格的绘制。

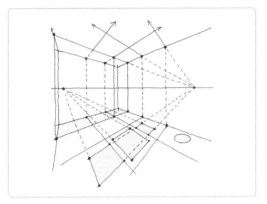

❸平面位置的确定

通过网格确定窗户和家具的位置。

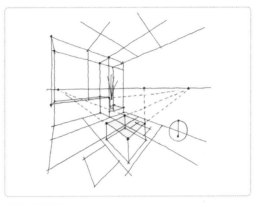

❹确定高度

以地板至HL1000mm的高度为基准，确定家具的高度。

3.21

和室（两灭点透视）

临摹图

3.22 卧室（两灭点透视）

将视角设定为左侧，可以看到床旁边的梳妆台。

平面图

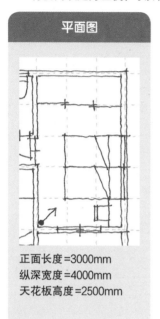

正面长度=3000mm
纵深宽度=4000mm
天花板高度=2500mm

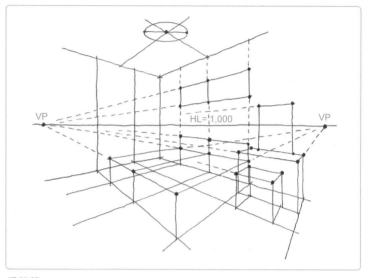

透视线

通过地板网格确定照明灯的位置，将正圆形的吸顶灯画成椭圆形。

样本

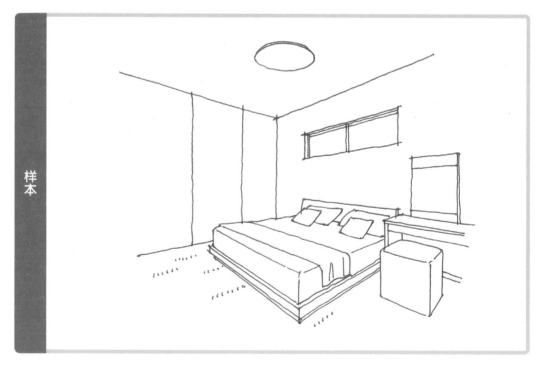

用柔和的曲线表现枕头和床尾巾的质感。

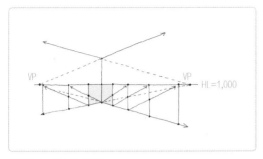

❶HL 与 VP 的设定

首先确定房间内墙的高度为2500mm，HL 在距地板1000mm 的位置。接下来在 HL 上确定两点VP，比例为7：10。分别将左右墙壁从 VP 开始向前延伸。

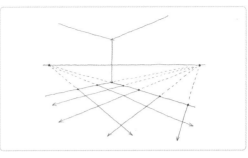

❷画出地板的网格

左右墙壁正方形的宽幅比例比为10：7左右。接下来用增值法向前增加绘制正方形，画出1000mm 的网格间距，从 VP 开始向前延伸。

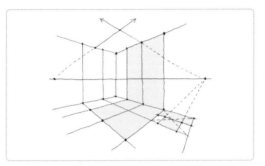

❸平面位置的确定

根据网格确定窗户和家具的位置。

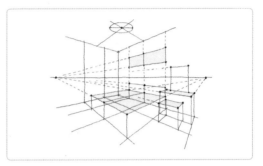

❹确定高度

以地板至 HL1000mm 的高度为基准，确定家具的高度。

临摹图

3.22

卧室（两灭点透视）

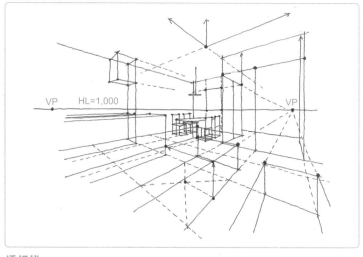

3.23 LDK(两灭点透视)

将起居室、厨房、餐厅的空间,以及木地板综合在一起,用两灭点透视图来表现。

平面图

正面长度=5000mm
纵深宽度=5000mm
天花板高度=2500mm

VP   HL=1,000   VP

透视线

将前面的沙发和茶几截掉一半,可使画面显得更广。

样本

从近处的物体开始按顺序描绘,透明的玻璃茶几下会透出木地板。

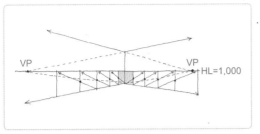

❶ HL 与 VP 的设定

确定内墙高度为2500mm, HL 在距地板1000mm的位置。接下来在HL上画出两点VP, 将正方形向前延伸。

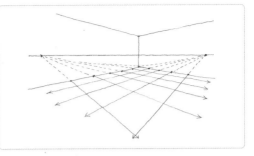

❷ 画出地面网格

从VP开始向前延伸画出1000mm的地面网格。

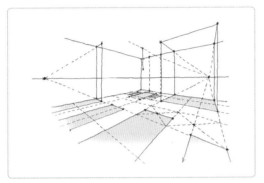

❸ 平面位置的确定

根据网格确定墙壁、窗户和家具的位置。

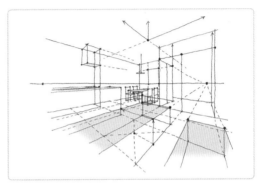

❹ 确定高度

家具的高度以地板至HL1000mm的高度为基准, 窗户的高度以天花板至HL1500mm的高度为基准。注意不要忘记绘制楼梯井。

3.23

LDK (两灭点透视)

临摹图

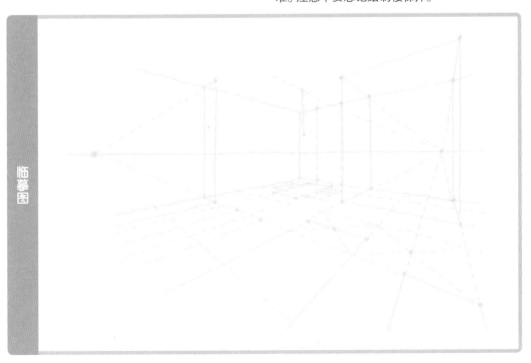

4.1 第4章 景观规划设计透视基础
庭院木台（一灭点透视）

用一灭点透视来表现木台与庭院的关系。

平面图

正面宽度=5000mm
纵深宽度=3000mm

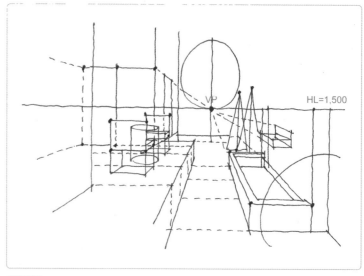

HL=1,500

透视线

HL的高度为木台至坐下时眼睛的高度，即1000mm。从地面至站立时眼睛的高度为1500mm。

样本

高一些的树和针叶树的叶子形状不同，绘制时要注意突出木板和石子的质感。

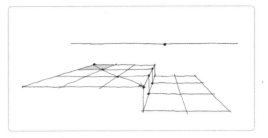

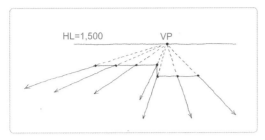

❶VP 的设定

在 HL 上画出 VP。接下来从 VP 开始，注意画出 1000mm 的网格，木台和地面之间有高差。

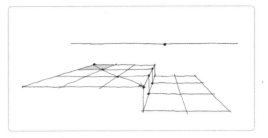

❷画出网格

在距离 VP 较远的位置画出正方形，将对角线向前延伸确定网格的各个交点。

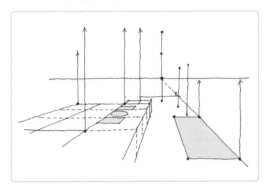

❸平面位置的确定

根据网格确定墙壁和家具的位置。将地面向内侧延伸以确定植栽的位置。

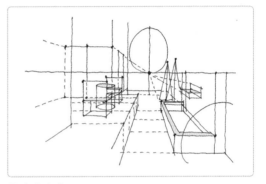

❹确定高度

以木台至 HL1000mm 的高度为基准，确定家具的高度。以地面至 HL1500mm 的高度为基准，确定围墙和植栽的高度。

4.1

庭院木台（一灭点透视）

临摹图

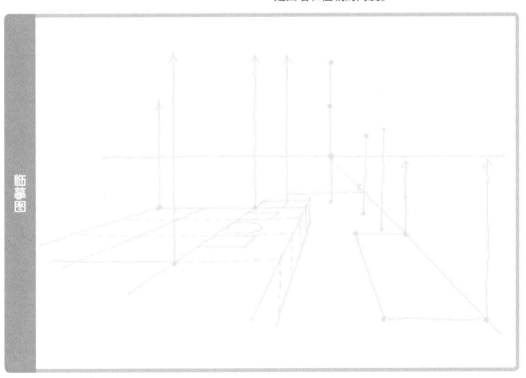

4.2 立面图中阴影的画法（铅笔）

建筑物右侧的阳台等部分凹凸，比较复杂。

技法点
(Point)

设定光源角度为45°。

墙壁的阴影落在阳台上。

填涂画

4.3 立面图的着色（水彩）

用黄色系颜料为1层的窗户上色，能够营造出房间内电灯打开的明亮氛围。

瓷砖的纹路可以用点来表现。

玻璃窗可以用水平和垂直的线条来表现。

填涂画

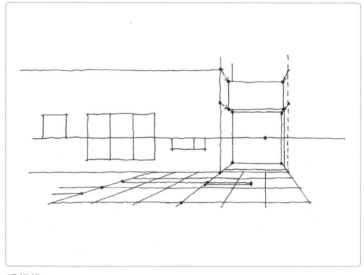
4.4 门前通道（一灭点透视）

用一灭点透视图来表现玄关处的通道，以及房屋左侧与庭院相连的部分。

平面图

正面长度=6000mm
纵深宽度=3000mm

透视线

根据地面至HL的高度确定门柱、树木及内部家具的高度。

样本

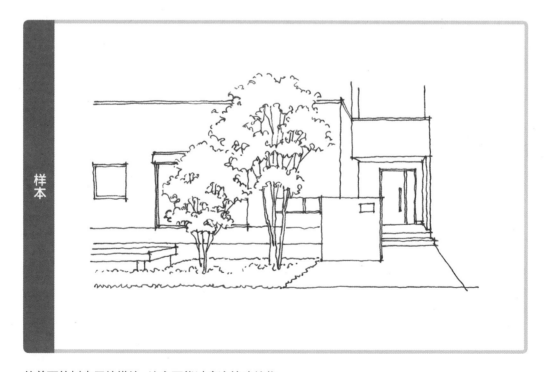

从前面的树木开始描绘，注意不能过度遮挡建筑物。

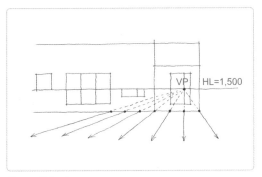

❶ VP 的设定

在立面图上距地面1500mm的高度画出HL。在HL上画出VP。在地面上画出间距为1000mm的网格线。

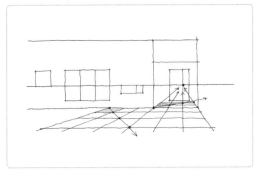

❷ 画出网格

在距离VP较远的位置画出正方形，将对角线向前延伸确定网格的各个交点。

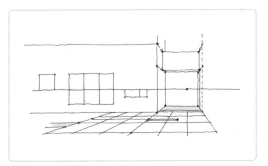

❸ 确定平面位置

根据网格确定通道、门柱及外墙的位置。

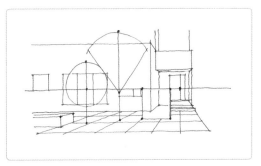

❹ 确定高度

利用地面至HL1500mm的高度确定门柱和树木的高度。

4.4

门前通道（一灭点透视）

临摹图

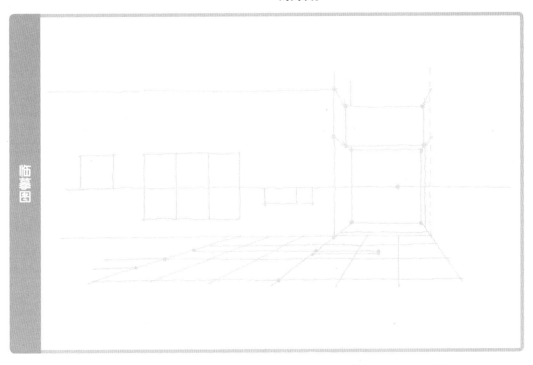

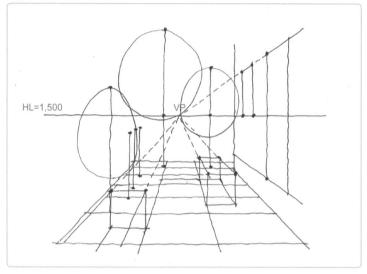

4.5 庭院（一灭点透视）

在绘画前，确认好有长凳的前庭与窗户的位置关系。

平面图

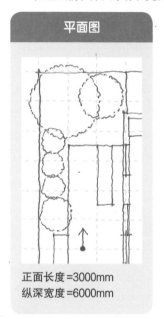

正面长度=3000mm
纵深宽度=6000mm

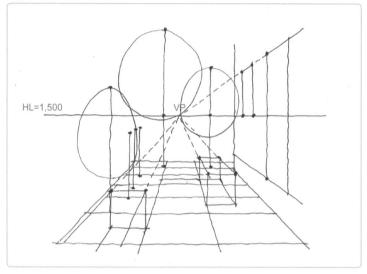

透视线

树木比较多，注意高矮变化。

样本

用点来表现石凳和石板路的质感。

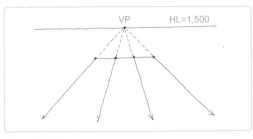

❶VP 的设定

在距地面 1500mm 的高度画出 HL，并标记出 VP。在地面上画出间距为 1000mm 的网格线。

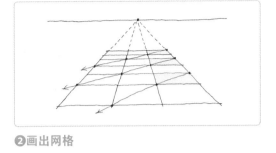

❷画出网格

在距离 VP 较远的位置画出正方形，将对角线向前延伸确定网格的各个交点。

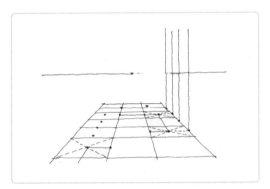

❸确定平面位置

根据网格确定石凳、树木及外墙窗户的位置。

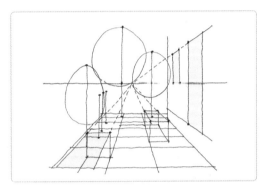

❹确定高度

利用地面至 HL1500mm 的高度确定石凳和树木的高度。

4.5

庭院（一灭点透视）

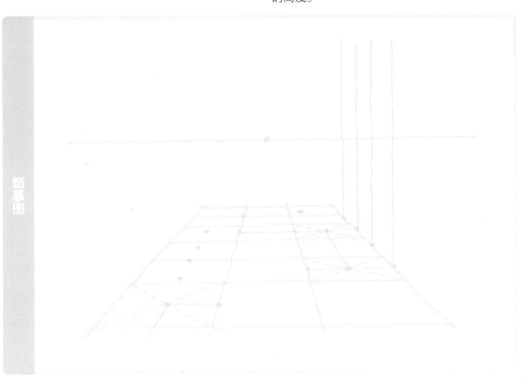

临摹图

4.6 日式住宅外观（两灭点透视）

用两灭点透视来描绘箭头所示的角度下建筑物的外观。将正面和侧面的延长线作为基准线。

图面

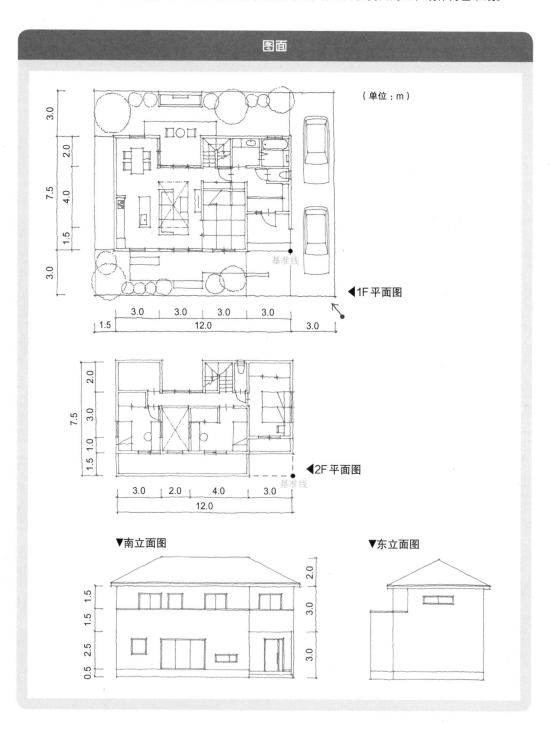

（单位：m）

◀1F 平面图

◀2F 平面图

▼南立面图

▼东立面图

❶透视线

将右边墙角作为基准线, HL 在距地面 1500mm 的位置。接下来画出间隔 1500mm 的透视线。

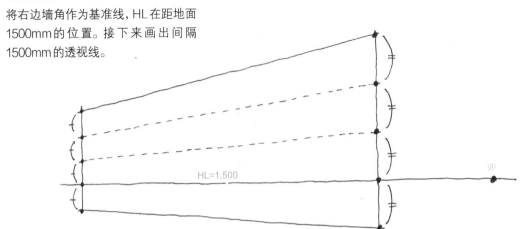

HL=1,500

VP

❷画出网格

在前面画出 1500mm×1500mm 的正方形, 利用对角线向内侧增加墙壁的网格至 12000mm。

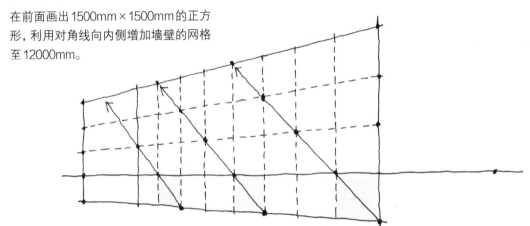

❸纵深尺寸

画出正面长度为 7500mm 的正方形作为房顶, 以此确定侧面的纵深为 7500mm。

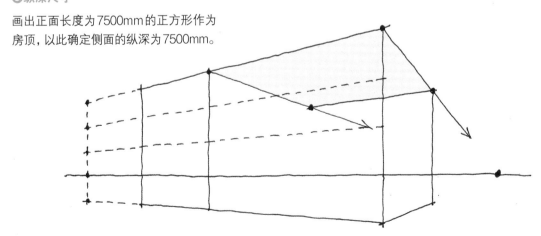

4.6

日式住宅外观（两灭点透视）

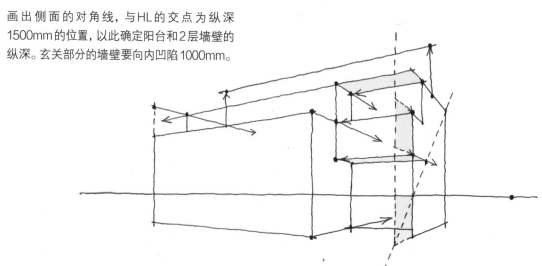

❹纵深方向的凹凸

画出侧面的对角线，与HL的交点为纵深
1500mm的位置，以此确定阳台和2层墙壁的
纵深。玄关部分的墙壁要向内凹陷1000mm。

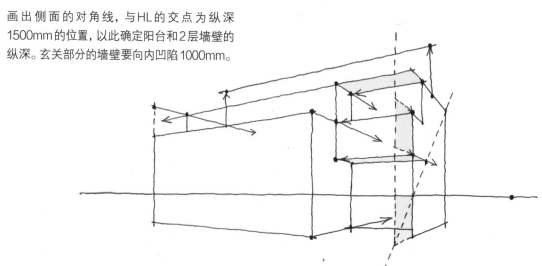

❺屋顶的坡度

通过屋顶的坡度确定屋脊的位置，
然后画出四坡屋顶。

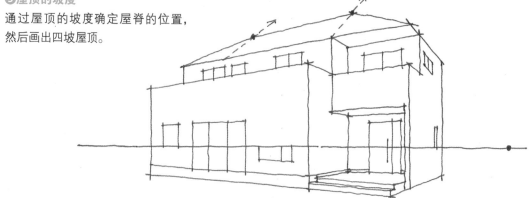

❻装饰的描绘

在地面上画出门柱、树木及汽车。

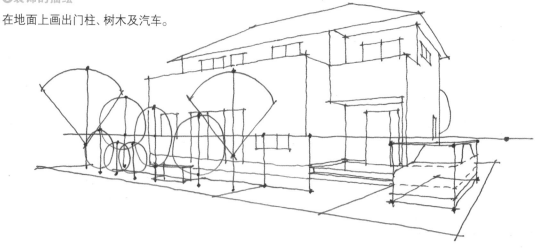

SKETCH PERSPECTIVE

样本

从近处的树木、门柱开始描绘，画出房顶、栏杆、窗框的厚度，用细节增加立体感。

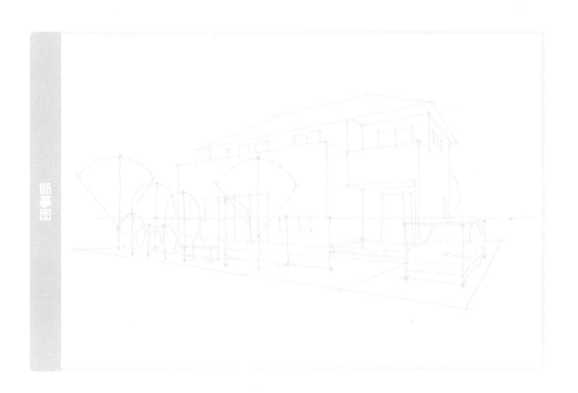

临摹图

4.6

日式住宅外观（两灭点透视）

109

4.7 街道（两灭点透视）

本节我们挑战一下绘制经常在路上看到的两栋并排的建筑。

图面

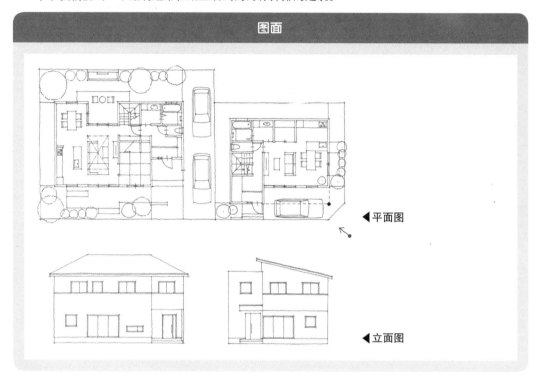

◀平面图

◀立面图

样本

画出道路两旁的植物，增强街道的氛围。

110

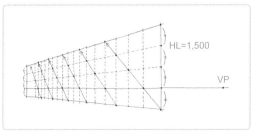

❶画出网格

视线角度为右侧。首先确定两栋建筑的总长度。找到6000mm的基准线，在1500mm的高度处画出HL。接下来画出透视线，利用1500mm×1500mm的正方形的对角线画出内侧墙壁的网格。

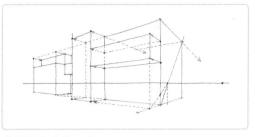

❷纵深方向的凹凸

通过边长为6000mm的正方形画出房顶部分，确定侧面的纵深为6000mm。根据网格画出墙壁的凹凸。

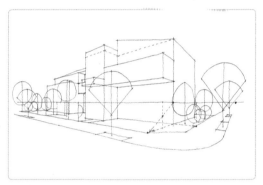

❸外部结构的描绘

画出道路边界线及人行道。

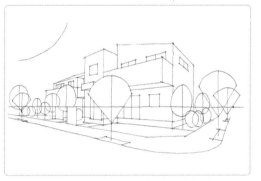

❹细节的描绘

画出窗户等物体的细节，作品完成。

4.7

街道（两灭点透视）

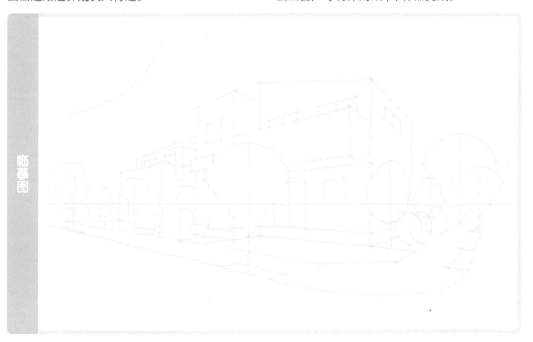

临摹图

4.8 平面图中阴影的画法（铅笔①）

室内的家具、外部的围墙和植栽可以通过添加阴影来表现立体感。

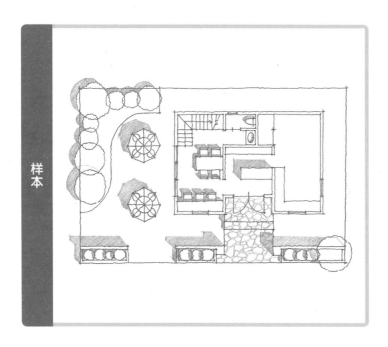

样本

遮阳伞的阴影也是倾斜45°落下来。椅子的阴影和遮阳伞的阴影融为一体。

大块的石板不规则地排列在地面上，缝隙用小石子进行填充。

填涂画

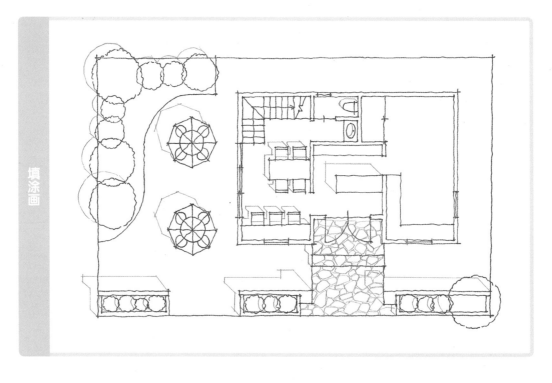

4.9 立面图中阴影的画法（铅笔②）

绘制阴影可以使凉棚和入口部分的拱形装饰更有立体感。

技法点（Point）

光线从右上方照射，因此屋檐右侧的阴影长，左侧的阴影短。

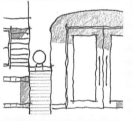

入口处的阴影呈拱形并偏斜45°。玻璃上面没有阴影。

样本

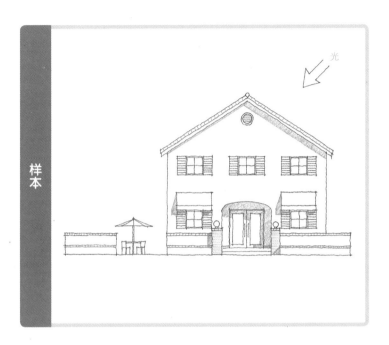

光

填涂画

4.9

立面图中阴影的画法（铅笔②）

4.10 陈列柜（一灭点透视）

本节中的视角为一进入商店就能看到陈列柜正面图的正面角度。

平面图

正面长度=3000mm
纵深宽度=3000mm
天花板高度=2500mm

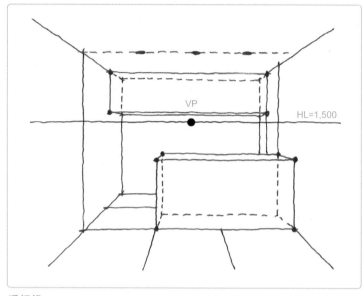

VP

HL=1,500

透视线

根据地板网格确定照明和内侧吊柜的位置。

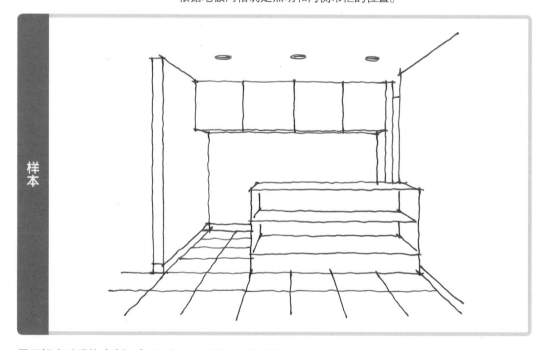

样本

展示柜由透明的玻璃组成，因此可以看到里面的结构。

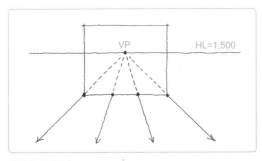

❶ VP 的设定

在距地面 1500mm 的高度画出 HL，并标记出 VP。
在地面上画出间距为 1000mm 的网格线。

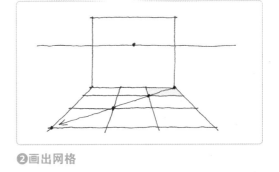

❷ 画出网格

在距离 VP 较远的位置画出正方形，将对角线向
前延伸确定网格的各个交点。

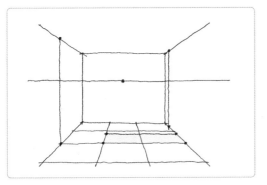

❸ 确定平面位置

根据网格确定家具的位置。

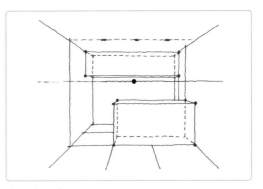

❹ 确定高度

以地板至 HL1500mm 的高度为基准，确定家具
的高度。以天花板至 HL1000mm 的高度为基准，
确定吊柜的高度。

4.10

陈列柜（一灭点透视）

临摹图

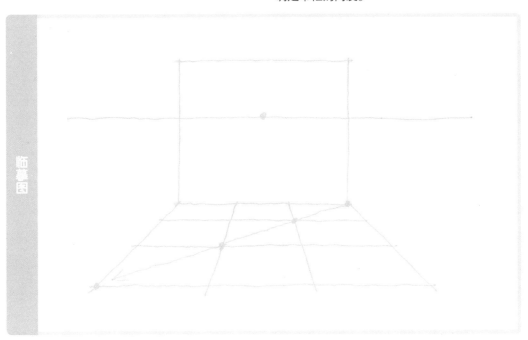

4.11 墙边桌椅（两灭点透视）

通过角落透视来描绘客席和窗户到花园凉台的连接。

平面图

正面长度=3000mm
纵深宽度=2000mm
天花板高度=2500mm

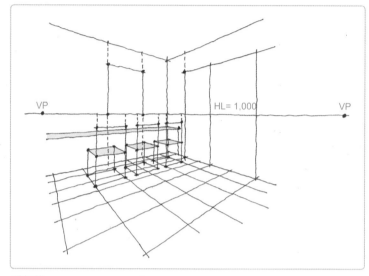

透视线

三把椅子均排列在透视线上。

样本

将1000mm的网格划分一半后得到500mm的地砖网格。

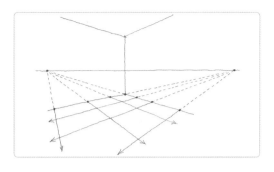

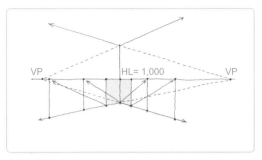

❶画出墙壁的网格

确定内侧墙壁的高度为2500mm, HL 在距地面 1000mm 高的位置。接下来在 HL 上确定两点 VP, 将正方形向前延伸。

❷画出地面的网格

从 VP 开始向前延伸画出间距为1000mm的地面网格。

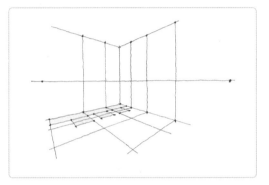

❸家具的位置

根据网格确定墙壁、窗户和家具的位置。

❹确定高度

以地板至 HL1000mm 的高度为基准, 确定家具的高度。以天花板至 HL1500mm 的高度为基准, 确定窗户的高度。

4.11

墙边桌椅（两灭点透视）

临摹图

4.12 立面透视（一灭点透视）

只在外部轮廓上画出宽度，就能表现店铺构造。花园凉台画出纵深感也会使透视图更完美。

图面

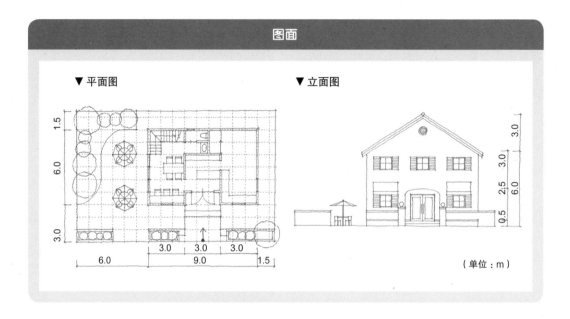

▼ 平面图　　　　　　　　　　　　　　▼ 立面图

（单位：m）

样本

画出前面的植栽和后面的树木，使画面充满绿意。

❶画出地面网格

在立面图上距地面起1500mm高的位置画出HL。在视点的位置画出VP。地面的网格大小按照3000mm来确定，画出正方形后向前延伸3000mm。

❷平面位置

根据网格确定门前通道和门柱等物体的位置。

❸外部构造的高度

利用地面至HL1500mm的高度确定门柱的高度。

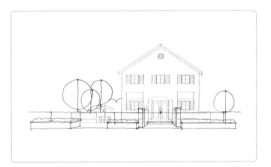

❹加入点缀

确定树木的高度，画好树叶，作品完成。

4.12

立面透视（一灭点透视）

临摹图

4.13 门前通道（一灭点透视）

以通道至店铺入口的部分为中心角度进行绘画。这种标尺式的作品适合表现细节的质感。

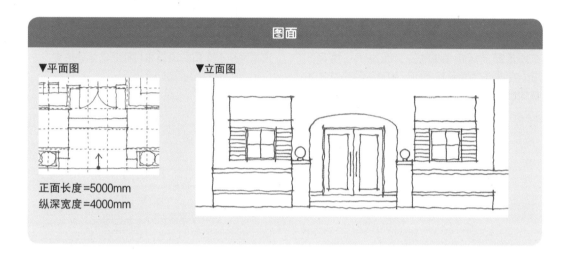

▼平面图   ▼立面图

正面长度=5000mm
纵深宽度=4000mm

样本

门前的石子路按照从前到后的顺序，先无规则地画出大块石板，再绘制小石子将缝隙进行填充。石子的形状是不规则的多边形。

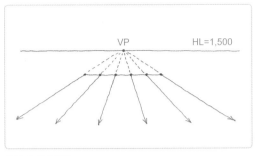

❶VP 的设定

在距地面1500mm高的位置画出HL，并标记出VP。在地面上画出1000mm间隔的网格线并向前延伸。

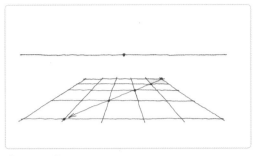

❷画出网格

在距离VP较远的位置画出正方形，将对角线向前延伸确定网格的各个交点。

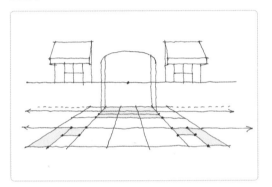

❸外部结构的位置

根据网格确定门前通道、门柱及外墙的位置。

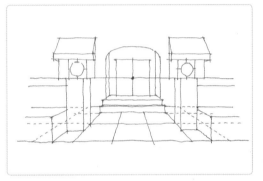

❹确定高度

利用地面至HL1500mm的高度确定门柱等物体的高度。

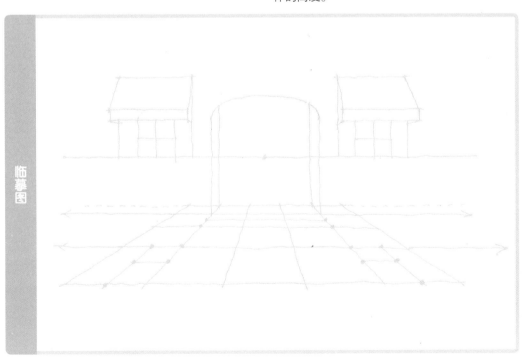

临摹图

4.13

门前通道（一灭点透视）

121

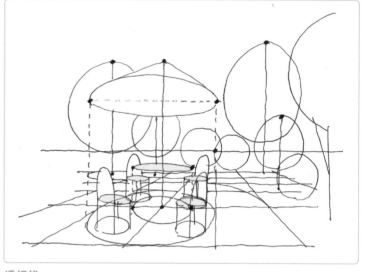

4.14 花园露台（一灭点透视）

本节我们来描绘被绿色包围的花园露台。

平面图

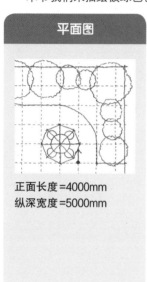

正面长度=4000mm
纵深宽度=5000mm

透视线

以桌子为中心轴画出遮阳伞的圆锥形透视。在其周围画出椅子。

样本

树木的高度及形状不要太单调，但要注意画面的平衡。

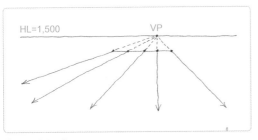

❶ VP 的设定

在距地面1500mm的高度画出HL，并标记出VP。在地面上画出1000mm间距的网格线并向前延伸。

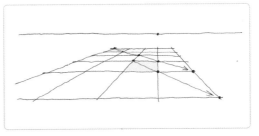

❷ 画出网格

在距离VP较远的位置画出正方形，将对角线向前延伸确定网格的各个交点。

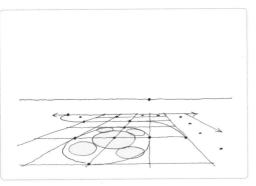

❸ 平面位置

根据网格确定桌椅、遮阳伞和植栽的位置。遮阳伞的形状大致为圆锥形。

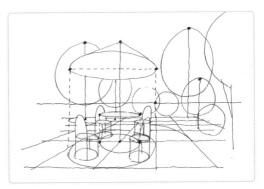

❹ 确定高度

利用地面至HL的高度1500mm来确定各个物体的高度。

4.14

花园露台（一灭点透视）

临摹图

4.15 欧式住宅外观（两灭点透视）

两灭点透视最适合描绘建筑物的纵深。

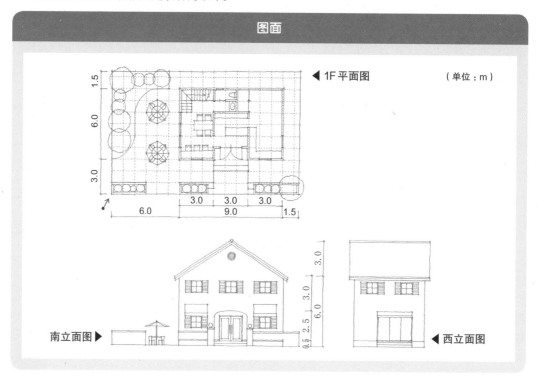

◀ 1F 平面图　　　　　（单位：m）

南立面图▶　　　　　　西立面图◀

样本

画出花坛的砖块和屋顶瓦片的细节，突出西洋风。

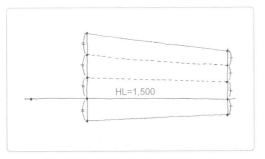

❶透视线

以左侧墙角为基准线,HL 设定为距地面1500mm
高的位置。接下来画出1500mm间隔的透视线。

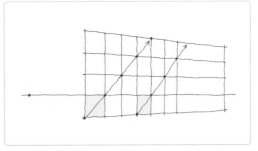

❷画出网格

在前面画出1500mm×1500mm的正方形,利用
对角线将网格向内增加至9000mm。

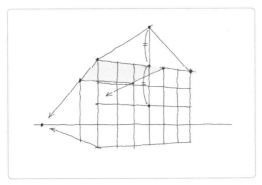

❸纵深的尺寸

在屋顶出画出宽度为600mm的正方形以此确定
侧面的宽度为7500mm。

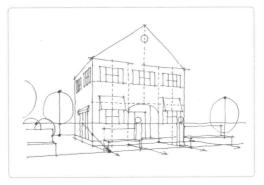

❹点缀

画出窗户和外部结构。

4.15

欧式住宅外观（两灭点透视）

临摹图

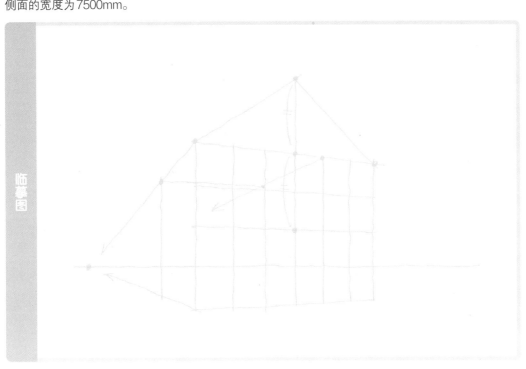

4.16 三层集中住宅外观（两灭点透视）

本节我们来挑战一下3层建筑正面宽度较长的集中住宅群。

图面

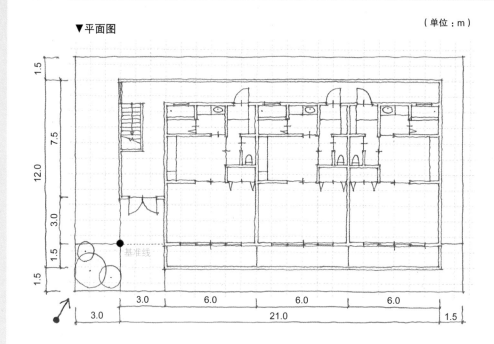

▼平面图

（单位：m）

箭头的方向为视线方向。基准线为平面图所示的位置。作图时阳台部分要突出于基准线，玄关部分要凹进去。

▼西立面图

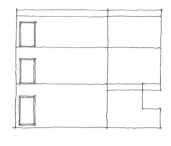

▼南立面图

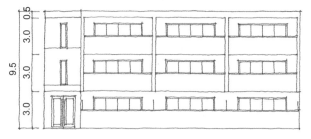

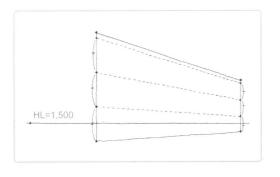

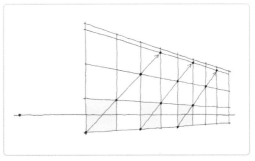

❶透视线

以左侧墙角为基准线，HL设定为距地面1500mm高的位置。接下来画出3000mm间隔的透视线。

❷画出网格

在前面画出3000mm×3000mm的正方形，利用对角线将网格向外增加至21000mm。

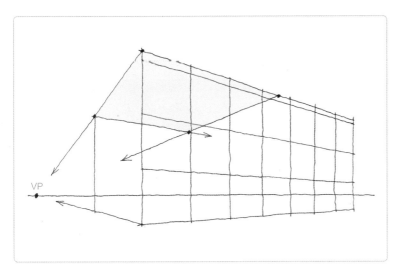

❸纵深的尺寸

在屋顶画出宽度为10500mm的正方形，以此确定侧面的宽度为10500mm。

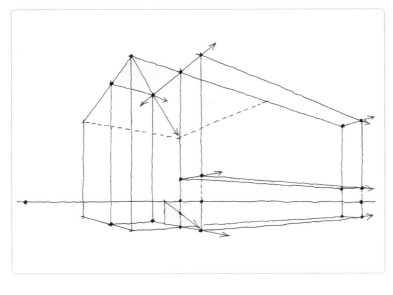

❹墙壁的凹凸

玄关部分的纵深长度通过房顶3000mm×3000mm的正方形来确定，阳台的凹凸则是将1500mm×1500mm的正方形向前延伸来得到。

4.16

三层集中住宅外观（两灭点透视）

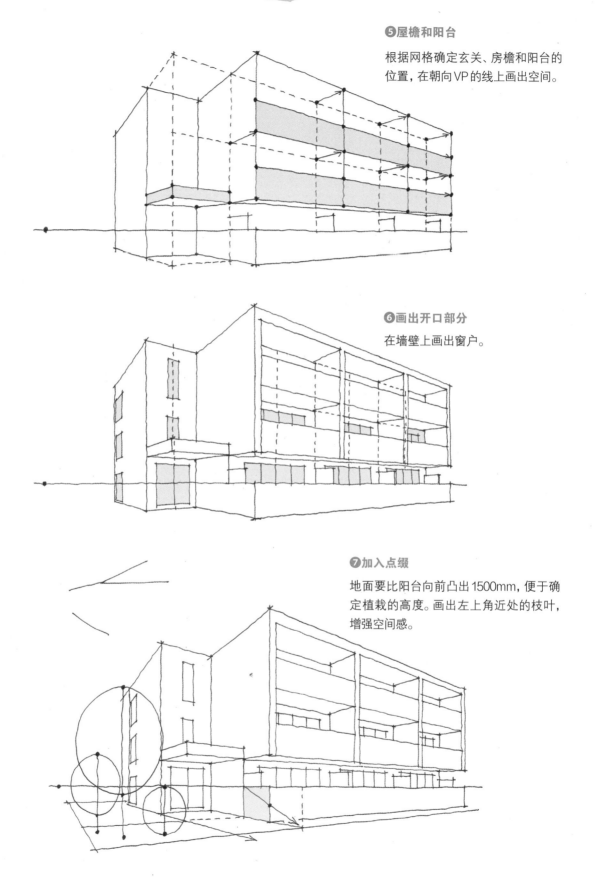

❺屋檐和阳台

根据网格确定玄关、房檐和阳台的位置，在朝向VP的线上画出空间。

❻画出开口部分

在墙壁上画出窗户。

❼加入点缀

地面要比阳台向前凸出1500mm，便于确定植栽的高度。画出左上角近处的枝叶，增强空间感。

样本

植栽和建筑物稍稍重叠更能突出进深感。绘制门前通道的地砖纹路时要参考透视线的方向。

临摹图

4.16

三层集中住宅外观（两灭点透视）

4.17 鸟瞰图（两灭点透视）

如果从较高的位置观察建筑物可以使用鸟瞰透视图。

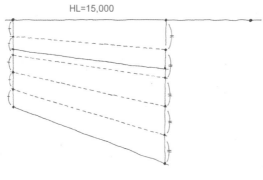

HL=15,000

❶透视线

设定眼睛的高度为15000mm。画出间隔为3000mm的透视线。

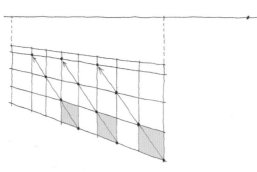

❷画出网格

在墙壁上画出3000mm×3000mm的网格，正面长度为21000mm，高度为9500mm。

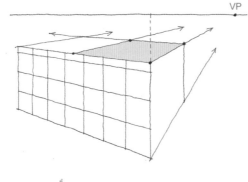

VP

❸纵深尺寸

接下来在屋顶上画出10500mm长的正方形，确定侧面的宽度。

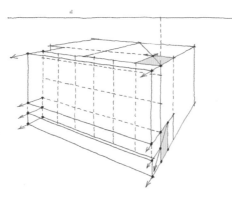

❹墙壁的凹凸

从基准线开始向前延伸1500mm确定阳台的凸出部分。另外，1层、2层、3层阳台的凸出部分是相同大小的。通过将屋顶的3000mm×3000mm的正方形向左移动确定玄关的宽度为3000mm。

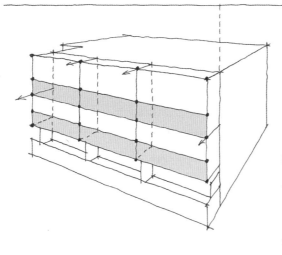

❺画出阳台

将墙壁网格的3000mm边长变为1500mm，向前移动后确定出阳台扶手的位置。纵向的隔断墙壁长度为6000mm。

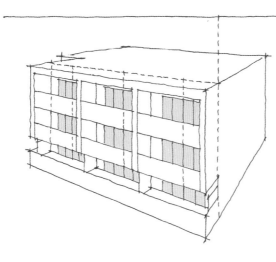

❻画出开口部分

根据网格确定窗户的位置，注意上下层的窗户要在同一直线上。

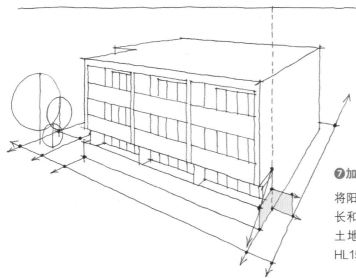

❼加入点缀

将阳台侧面的正方形分别向前延长和向右侧延长1500mm，确定土地的面积。树木根据地面至HL15000mm的高度来确定。

4.17

鸟瞰图（两灭点透视）

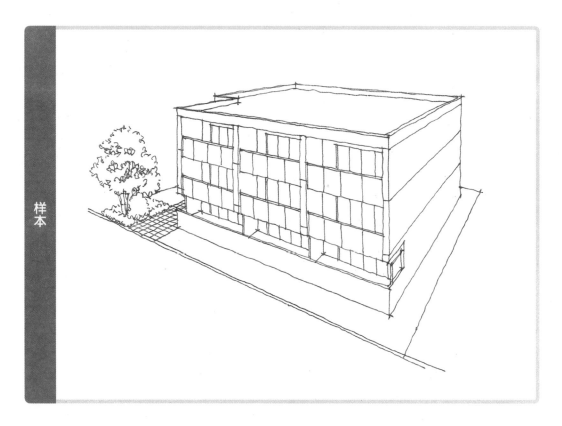

样本

画出墙壁和阳台的厚度，表现出建筑物的细节。

临摹图

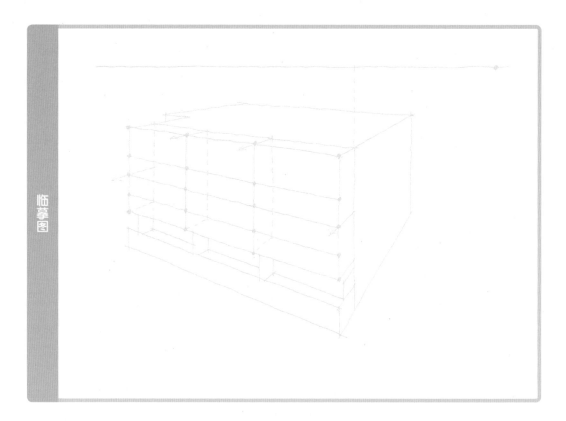

4.18 鸟瞰图的着色（马克笔）

太阳光线比较强，外观的阴影就比较清晰，绘制时要涂得浓一些。

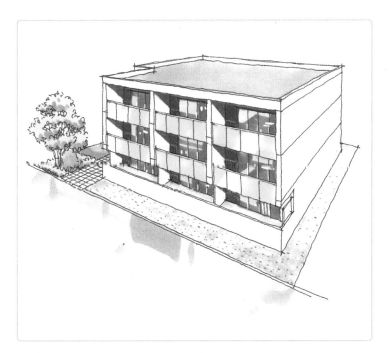

技法点（Point）

玻璃扶手可以通过倾斜的留白表现质感。

地板的纹路可以用铅笔画点来表现。

4.18

鸟瞰图的着色（马克笔）

填涂画

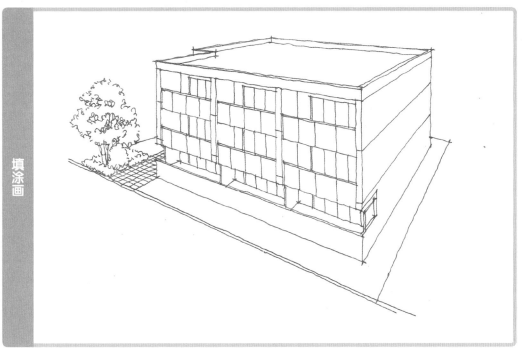

临摹实例

餐厅 马克笔 （参照P66）

一灭点透视图的着色重点，在于将正面墙壁及家具的颜色画得亮一些，侧面则暗一些，以便突出光感。木地板可通过叠加涂抹的方式表现质感。

卧室 色铅笔 （参照P68）

两灭点透视图的着色重点，在于将面积大的墙壁画得亮一些，面积小的则画得暗一些。家具也同样根据这个原理来添加阴影。地毯的颜色可以用蓝色和绿色进行混合涂抹。

外观 水彩 （参照P81）

用水彩上色时，面积比较大的部分用平头笔来绘制，细节处或是植栽可以用尖头笔进行上色。天空的颜色可以用蓝色，建筑物的周围可做无规则的留白。

俯瞰图 马克笔 （参照P84）

俯瞰图和平面图一样，墙壁的断面用深灰或黑色，使布局更清晰。

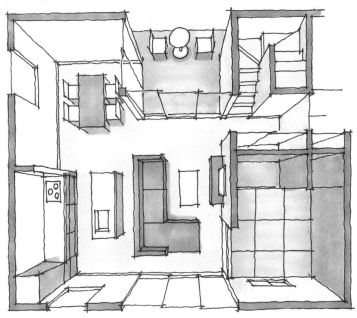

临摹实例

135

断面透视图 色铅笔 （参照P86）

阴影的画法与一灭点透视图相同。画出窗户外面的天空和植栽，能够突出空间感。

起居室 水彩 （参照P90）

靠垫等小物件可以通过阴影来表现立体感与柔软的质感。将天井的颜色画得深一些，表现出光线从楼梯井照射进来的纵深感。

和室 色铅笔 （参照P92）

远处颜色深，近处颜色浅，突出房间柔和的氛围。变换每片榻榻米的着色方向，表现出榻榻米的质感。

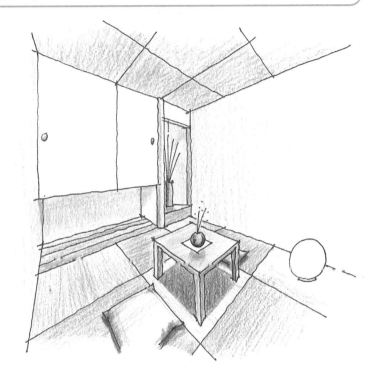

LDK 马克笔 （参照P96）

在沙发和靠垫的圆角处画出阴影，能够突出立体感。在沙发的座面和靠垫的上方做些留白的高光会使效果更好。

临摹实例

137

庭院木台 水彩 （参照P98）

用尖头笔描绘树叶的阴影。水花可以用白色颜料或修正笔来表现。

外观 水彩 （参照P109）

先用铅笔画出瓷砖的纹路，再用水彩进行上色，可用同色系但深浅不同的颜色表现出瓷砖的质感。近处树木的阴影落在墙壁上凸显纵深感。

平面图的着色　水彩（参照P112）

石板路的每块石头的颜色都要浓淡不均，以突出自然感。植栽的颜色可用多种绿色来表现。

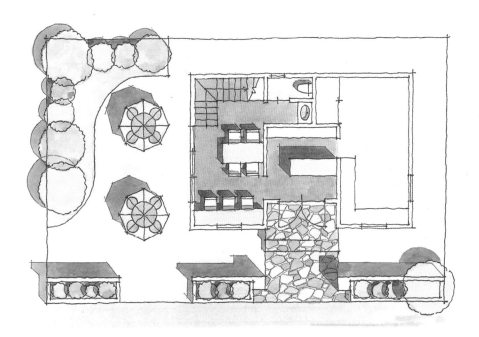

立面图的着色　水彩（参照P113）

奶油色外墙的阴影用同色系的深色来上色。绘制时注意光线从右上方照射，因此树木的阴影在左下方，这样使画面看起来更立体。

临摹实例

139

吧台 水彩 （参照P116）

　　每块地板砖都可以用叠加的手法画出不规则的纹路。用铅笔画点表现出质感。画出庭院的绿色，能够将空间向外延伸扩展。

门前通道 马克笔 （参照P120）

　　外墙的颜色用马克笔涂好后再用铅笔在上面点缀花纹。花坛里的花可以用鲜艳的颜色和白色来描绘。

平面图的着色 　色铅笔　（参照P126）

用深灰色或黑色为墙壁上色。只用色铅笔的话会使界限不清晰，墙壁用马克笔来画会使画面更清晰。

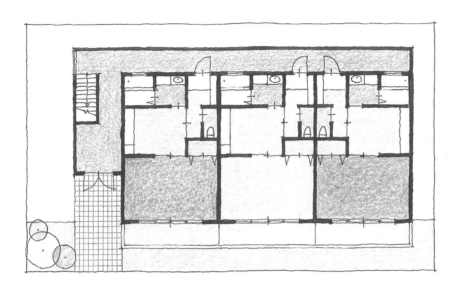

外观 　水彩　（参照P129）

明亮的外墙颜色，搭配颜色深一些的天空，会使建筑物更加鲜明。道路也用深一些的颜色来画，会使画面更有安定感。

临摹实例

141

后记

　　本书是集合《边描边记：素描透视图的要点与诀窍》《边描边记：素描透视图室内装潢篇》《边描边记：素描透视图着色篇》这3本书的技法和内容，向大家介绍平面图、立面图的上色和各种外观透视图的画法等，将展示中用到的绘画手法将全部呈现给大家。

　　购买这本书的读者，如果想要更为详细地学习，那么一定要阅读这两本书《边描边记：素描透视图室内装潢篇》为您讲解室内装潢透视图的画法，《边描边记：素描透视图着色篇》为您讲解透视图的上色方法。

　　期待本书助您向他人传递想法或画面时能出一份力。

山本勇气

作者介绍

宫后　浩

· 艺术学博士
· 日本透视技巧协会 理事长
· COLUMN DESIGN CENTER 董事长
· COLUMN DESIGN SCHOOL 校长
· 叙勋获奖者

1946年出生于大阪府。
于多摩美术大学设计学科毕业后,在建筑事务所学习4年时间。26岁时,创立了专供建筑设计与透视学的COLUMN DESIGN CENTER。
40年专注透视图的制作及教育指导,受到多方好评。
2008年获得日本第一个艺术学博士学位。
2011年在鉴于长年指导透视知识及鉴定,获得"叙勋"。

作品涉及领域有"透视技术""室内装饰企划""图像素描""透视色彩练习""初级建筑透视""绿色企划案""建筑与色彩""景观素描的要点""超简单企划"等。

山本　勇气

· 建筑透视图专业技能
· 日本透视技巧协会 理事长
· COLUMN DESIGN CENTER 企划部主任
· COLUMN DESIGN SCHOOL 主任讲师
· Space Design College 讲师

1980年出生于兵库县。担任过美术大学、模型制作、绘画教室的讲师后,于2006年加入COLUMN DESIGN CENTER。做过建筑透视图、建筑模型、插画的制作,书籍的编辑工作,现在则是宫后的助手。
2008年获京都报社主办的"插画设计大赛"的最优秀赏。
2010年获建筑透视国际大赛 JARA 大奖获奖。